KB092047

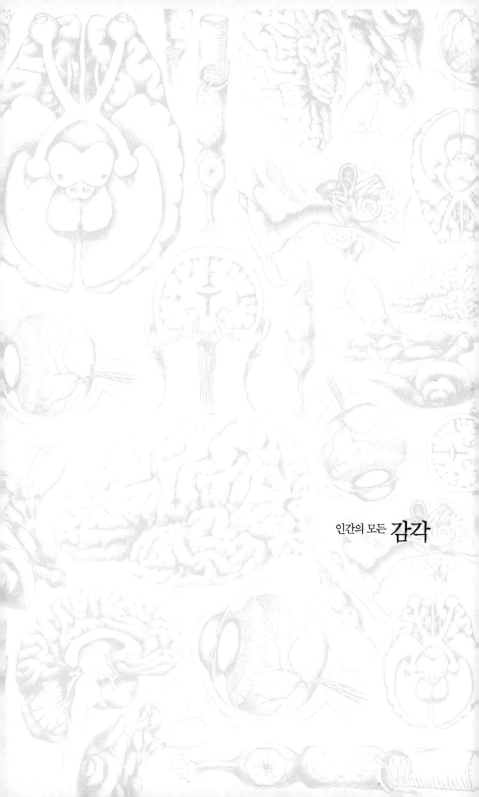

인간의 모든 **감각**

# 인간의 모든 감각
우리는 무엇을 보고 듣고 느끼고 이해하는가

**초판 1쇄 발행** 2009년 4월 20일 ＼**초판 5쇄 발행** 2018년 3월 1일
**지은이** 최현석 ＼**펴낸이** 이영선 ＼**편집 이사** 강영선 김선정 ＼**주간** 김문정
**편집장** 임경훈 ＼**편집** 김종훈 이현정 ＼**디자인** 김회량 정경아
**독자본부** 김일신 김진규 김연수 박정래 손미경 김동욱

**펴낸곳** 서해문집 ＼**출판등록** 1989년 3월 16일(제406-2005-000047호)
**주소** 경기도 파주시 광인사길 217(파주출판도시) ＼**전화** (031)955-7470 ＼**팩스** (031)955-7469
**홈페이지** www.booksea.co.kr ＼**이메일** shmj21@hanmail.net

**ISBN** 978-89-7483-378-7 03400
**값** 12,500원

이 도서의 국립중앙도서관 출판시도서목록(CIP)은 e-CIP 홈페이지(http://www.nl.go.kr/ecip)에서
이용하실 수 있습니다.(CIP제어번호: CIP2009000985)

인간
개념어
사전

우리는 무엇을 보고 듣고 느끼고 이해하는가

All

Human                                              최현석 지음

인간의 모든 감각

Senses

서해문집

저는 책을 살 때 저자의 경력을 보고, 논문을 찾아볼 때는 그 논문이 실린 저널을 보고 그 글에 대한 정확성을 나름대로 평가합니다. 다른 사람들도 마찬가지일 것입니다. 의사로 환자를 진료하고 있는 제가 이 책을 쓰게 된 계기를 말씀드리면 독자들이 저의 경력에 비추어 책을 판단하는 데 도움이 될 것으로 생각합니다.

사람들은 종종 여행을 떠납니다. 많은 이유가 있겠지만 그중 하나는 좋은 경치를 즐기기 위해서입니다. 1992년에 낳은 아들과 같이 여행을 많이 다녔는데, 아들은 중학생이 되면서 같이 다니기를 싫어했습니다. 그 정도 나이가 되면 다 마찬가지일 것입니다. 이유야 많겠지만 아들은 좋은 경치를 보고 저와 아내처럼 별로 감탄하지 않는 것 같았습니다. 사람들은 다 좋아할 거라고 생각했는데, 그렇지가 않았던 것입니다. 아들과 제가 느낌이 다르다는 것을 알게 되면서 사람들이 자연을 보고 아름답다고 감탄하는 이유가 궁금해졌습니다. 그래서 찾아본 책이 신경미학에 관한 것이었습니다. 신경미학은 신경학의 발전에 따라 인간이 아름다운 그림을 보면서 느끼는 감정을 뇌 과학의 입장에서 설명해 보려는 시도입니다.

최근 급속히 발전하는 생명과학이나 의학은 원하면 무엇이든 할 수 있을 것 같은 착각을 일으킬 정도입니다. 신경학도 마찬가지입니다. 아직까지도 의학은 질병에 대한 연구 위주로 발전하고 있지만 호기심 많은 과학자들은 신경미학과 같은 분야를 개척하고 있습니다. 미술, 음악뿐만 아니라 경제학이나 신학도 이제는 신경학의 연구 분야가 되었습니다. 그래서 신경학의 새로운 발전이라는 주제로 이 분야를 정리해 보려고 했습니다. 그런데 이 분야에 대한 연구는 아직 초보적인 단계라, 뇌 사진을 찍어 봤더니 이러저러한 부위가 관여하는 것 같다는 정도에서 끝나는 경우가 많았고, 과거 철학자들이 한 말들이 옳다고 확인하는 것으로 만족해야 하는 경우도 많았습니다. 그래서 철학 공부도 같이 하게 되었습니다.

철학 공부는 쉽지 않았습니다. 책으로만 봐서는 이해가 어려워 강의를 듣기 시작했습니다. 그런데 철학자들이 인식론과 관련된 감각을 설명하면서 드는 사례들이 부정확하다는 느낌을 받았습니다. 그러면 이번 기회에 감각론을 최근 신경학 연구에 기초해서 정리해 보자는 욕심이 생겼습니다. 그래서 나오는 것이 이 책, 《인간의 모든 감각》입니다.

저는 머리말을 1차 교정을 보고 나서 씁니다. 이번에도 그랬는데, 교정지를 보면서 아내에게 읽어 보라고 부탁했습니다. 나름대로는 '너무 좋아' 라는 칭찬을 기대했습니다. 아내는 음악을 좋아하기 때문에 음악에 관련된 부분을 읽어 보라고 했습니다. 더욱 친절하게 앞부분 청신경에 대한 부분은 전문적인 부분이라 어려우니 중간부터 읽어 보라고까지 했는데, 조금 읽어 보고는 대뜸 이렇게 말했습니다. "글은 간략하게 요점을 잘 정리했는데, 그래서 어쨌다는 건데?" 저는 순간 멍했습니다. 뇌의 어떤 부위가 작용해서 그렇다고 설명하는 것이 무슨 의미가 있냐는 말일 것입니다. 조금 서운했지만 뭐라고 할 말이 없었습니다. 맞는 말이기 때문입니다. 좋으면 좋은 거지 뇌의 어떤 부위가 활성화되는지를 아는 것은 실제 별다른 의미는 없을 것입니다.

저는 이 책을 쓰면서 조금 겸손해지는 느낌을 받았습니다. 툭툭 끊어진 영화 화면을 보면서 연속적인 영상이라고 착각하듯이 일상생활이 착각의 연속이라는 것을 알면 내가 믿었던 것이 사실이 아닐 수 있겠구나 하고 생각이 들어 겸손해집니다. 또 인간보다 뛰어난 감각 기능을 가진 생명체를 알게 될 때도 겸손해집니다. 인간이 연구하는 방법으로 다른 생명체들의 감각 기능의 우수성을 인정했는데, 인간이 알지 못한 기능들은 얼마나 무한정할지를 생각하면 더욱 겸손해집니다. 감각은 태어나서 나이가 들면서 성숙하지만 정점에 달하는 순간 쇠퇴하기 시작합니다. 그런데 막상 쇠퇴하는 중에도 사람들은 항상 최상에 있던 감각을 기준으로 생각하는 경향이 있다는 것을 깨달을 때도 겸손해집니다. 또 자그마치 2400년 전에 데모크리토스가 사유했던 감각과 인식의 관계가 아직도 해결되지 않고 있다는 사실 역시 저를 겸손하게 합니다.

　세상에는 각종 다양한 사람들이 있고, 각기 저마다 능력이 다릅니다. 지적 장애가 있는 사람이라 해도 그들만의 뛰어난 능력이 있습니다. 제가 이 책을 썼지만 화가들의 느낌을 제가 그대로 느낄 수 없고, 음악가들의 느낌을 제가 느낄 수 없는 것은 당연합니다. 이 책은 감각에 대한 과학적인 연구를 개괄하는 것으로 감각에 대해 궁금해하는 사람들이 현재 뇌 과학에서 설명하는 것을 대략이나마 이해하는 데 도움이 되면 좋겠습니다. 이 책은 저의 창작물은 아니고 책이나 논문을 보고 내용을 재배치한 것에 불과하기는 하지만 제 나름대로는 과학적으로 입증된 사실만을 추려 정리했습니다. 이 점이 책을 탈고하면서 저 스스로 느끼는 뿌듯함입니다. 참고문헌을 일일이 밝히지 못한 게으름에 죄송하기는 하지만요.

2009년 3월

최현석

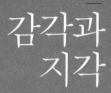

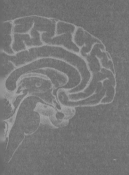

# 감각과
# 지각

세상 모든 것을 두 가지로 나눈다면 생물 아니면 무생물이 될 것이다. 자연계를 생물과 무생물로 나누는 것은 아리스토텔레스의 분류에서 비롯되었는데, 바이러스와 광우병을 일으키는 프리온(prion은 '단백질'을 뜻하는 protein과 '바이러스 입자'를 뜻하는 virion의 합성어.)이 발견되면서 그 구분 기준이 애매해졌다. 그러나 바이러스와 프리온 같은 애매한 존재를 제외하면 생물과 무생물의 차이는 쉽게 정의할 수 있다. 생물<sup>living organism</sup>이란 스스로 에너지를 만들어 생활하고, 자손을 재생산할 수 있는 존재를 말한다. 흔히 유기체로 번역되는 organism은 생명체라는 말이다. 현대 생물학에서는 유전자를 기준으로 지구에 존재하는 생물을 여섯 개의 계界, kingdom로 나눈다. 이 여섯 개 중 두 개가 동물과 식물이다.

　일반적으로 동물과 식물은 움직임 여부로 구분한다. 그런데 사실 모든 생물은 자신의 내부와 외부의 환경 변화에 대처하면서 생명을 유지한다. 세포 하나로 이루어진 생명체도 외부 환경에 능동적으로 반응하여 움직인다. 식물도 마찬가지다. 채송화는 벌이 앉으려는 순간 자기 수술을 20~30도 구부려 벌이 앉기 쉽게 한다. 이러한 현상이 무심코 꽃을 바라보는 사람들의 눈에는 보이지 않을 뿐이다. 따라서 움직임을 기준으로 식물과 동물을 구분하는 것은 매우 자의적이다. 그러나 인간의 일상적인 감각을 기준으로 봤을 때는 거리의 이동이 가능하고 자극에 능동적으로 반응하는 생명체는 여섯 개의 계界 중 동물이 유일하다. 인간을 포함한 이런 동물들의 움직임은 외부 세계와 접촉하는 감각에서 시작한다.

## 감각

신경세포의 흥분 | 인간과 세계의 접촉은 감각에서 시작한다. 감각sensation이란 신경세포를 활성화하거나 자극하여 신경 처리를 시작하게 하는 에너지다. 에너지란 물리적인 일을 할 수 있는 능력을 말한다. 여기서 '물리적physical' 이란 용어는 크기, 에너지, 공간과 시간 등과 같이 어떤 용어로 측정 가능한 모든 것을 말한다. 중력, 거리, 형태, 빛, 진동, 움직임, 접촉 등이 모두 물리적이다. 우리가 책을 읽을 수 있는 것은 눈에 있는 신경세포들이 빛의 파동에 의해 자극을 받아 뇌 안의 감각 처리 과정을 작동시키기 때문이다. 소리의 진동, 피부의 접촉, 냄새, 근육 활동과 중력의 당김

등은 감각을 발생시키는 다른 에너지들이다.

인체에서 자극을 최초로 받아들이는 곳이 감각수용체receptor다. 수용기受容器도 수용체受容體와 같은 말이다. 신경계를 중추신경과 말초신경으로 나눌 때 감각수용체는 말초신경에 속한다. 수용체에는 피부세포와 같은 상피세포가 특수하게 변형된 것도 있고, 신경세포 자체가 수용체인 경우도 있다. 상피上皮, epithelium세포란 신체의 표면에 있는 세포를 말한다. 시각, 미각, 청각 등의 수용체는 특수하게 변형된 상피세포이고, 후각수용체는 신경세포 자체다. 피부감각을 담당하는 수용체도 피부세포가 변형된 것이 아니라 신경세포다. 신경섬유가 피부에까지 뻗어나와 있는 것이다.

유래가 어떻든 수용체의 기본적인 기능은 같다. 즉 소리, 빛, 압력 등과 같은 자극을 전기에너지로 바꾸는 것이다. 이를 감각변환이라 하고, 이때 신경세포가 흥분되었다고 한다.

수용체에서 발생한 전기에너지는 수용체에 연결된 다른 신경세포들을 순차적으로 흥분시키고, 그럼으로써 뇌까지 자극이 전달된다. 이러한 과정을 서울로 집중되는 전국의 고속도로망과 유사하다고 설명하기도 하지만 사실 이보다 훨씬 복잡하다. 전기 신호가 뇌에 전달되고 뇌 안에서 처리되는 과정에서 지각perception이 발생한다. 내가 어떤 사물을 '본다'고 할 때 지각이란 그 사물의 표상representation에 대한 뇌의 경험이라고 할 수 있다. 따라서 뇌에 표상된 지각은 그 사물과 관련된 어떤 것이지 그 사물 자체는 아니다. 다시 말하면 지각은 인간의 뇌에서 창조된 것이다.

어떤 물건의 크기를 말할 때 우리는 그 물건을 자로 잰 다음 '가로 몇 센티미터, 세로 몇 센티미터'라고 하면서, 이것을 객관적 크기라고 한다. 과연 이것이 모든 사람이 인정할 수 있는 객관적 크기라고 말할 수 있을까? 이렇게 크기를 정한 것은 단지 우리의 뇌가 시각적으로 세상을 지각했기 때문이다. 맹인은 촉각으로 물건의 크기를 결정한다. 태어날 때부터 앞을 보지 못한 맹인에게 찰흙으로 인간을 빚으라고 하면 손을 가장 크게 만든다. 실제 피부감각을 담당하는 뇌 영역 중 손이 가장 크기 때문일 것이다. 또 전기스탠드를 만들라고 하면 전구를 가장 크게 만든다. 불을 켜면 전구가 따뜻해지는데 이 따뜻한 느낌이 그 물건의 크기를 결정하는 것이다. 이처럼 맹인들이 보는 세상은 눈으로 보는 세상과는 많이 다르다.

시각적으로 세상을 관찰하는 사람들이라고 세상이 똑같아 보이는 것도 아니다. 정상적인 색감을 가진 사람과 색맹인 사람들이 바라보는 세계는 같지 않다. 가장 흔한 색맹은 빨강과 초록을 구분 못하는 적록색맹인데, 이들에게 일반 사람들이 말하는 빨강과 초록은 전혀 다른 세상의 언어다.

잘 익은 바나나는 노란색이다. 왜 노란색인가? 아리스토텔레스는 색깔이 자신의 본성에 담겨 있는 것을 드러낸다고 했다. 보통 사람들도 이렇게 생각한다. 그러나 실상은 이렇다. 바나나가 빛을 받아서 반사한 빛의 파장이 575~590나노미터$^{nm}$인데, 이 파장을 노란색으로 하자고 약속했기 때문에, 우리가 바나나의 색을 노란색이라고 하는 것이다. 파장과 우리가 색이라고 부르는 경험 사이의 연결은 임의적이다. 단파장이 파란색이고 장파장이 빨간색이어야 하는 어떤 이유도 없다. 광선은 색이 없는 에너지일 뿐이다. 이렇게 보면 색채는 파장의 속성이 아니고 어떤 파장이 있는지 우리가 알도록 뇌가 사용하는 방편일 뿐이다.

다른 감각도 마찬가지다. 청각 경험은 공기압력이 변화하는 것에 대한 지각이다. 압력의 빠른 변화를 높은 소리로, 느린 변화를 낮은 소리로 들어야 할 필연적인 이유는 없다. 냄새도 마찬가지다. 어떤 냄새는 달콤하다, 어떤 냄새는 썩은 내라고 하는데, 코에 들어오는 물질의 분자구조 어디에도 '달콤하다' 혹은 '썩었다' 라는 성질이 적혀 있지는 않다. 이 경우에도 냄새 지각은 분자구조에 있는 성질이 아니라 분자구조가 신경계통에 작동하는 과정에서 창조되는 것이다.

# 지각

**뇌가 느끼는 세상** | 정상적인 지각이 가능하기 위해서는 세 가지가 필요하다. 여기서 정상이라고 하는 것은 대다수의 사람들이 경험하는 방식을 의미한다. 정상적인 지각의 첫째 조건은 지각하는 대상과 지각하는 나 자신을 별개의 존재로 구분할 수 있어야 한다는 것이다. 현재의 내 정신이 정상이라면, 나는 '나' 라는 존재와 지각하고 있는 대상인 '그것' 을 확연히 구분할 수 있으며, 양자의

관계에 대해서 의심을 품지 않는다.

자기 자신과 외부 세계를 구분할 수 없는 상태에서는 정상적인 지각이 성립하기 어렵다. 가령 엘에스디<sup>LSD, lysergic acid diethylamide</sup>라는 환각제에 중독되면 자아가 녹아 없어지면서 자아와 세계의 경계가 무너진다. 또 정신분열병 환자들은 자신의 생각이 외부에서 들리는 것으로 지각한다. 그리고 종교적으로 열반이나 황홀경에 들어서는 상태에서는 세계나 절대자와 자신이 하나가 되는 경험을 한다. 이러한 상태에서의 지각은 정상적인 지각과는 다르다.

두 번째 필요조건은 대상에 있다. 하나의 특정 사물이 다른 것과 구분되어 지각의 대상이 되기 위해서는 그 사물이 시공간에서 접촉하고 있는 다른 사물과 차이가 있어야 한다. 우리가 책상 위에 놓인 책을 책상과는 별개의 것으로 지각하는 것은 그 책이 책상과는 다른 뭔가의 특성이 있기 때문이다.

세 번째 필요조건은 내 자신의 움직임이다. 이를 주의注意라고 한다. 주의, 즉 주체의 능동적인 활동이 없다면 지각은 불가능하다. 내가 대상을 지각하는 것은 대상 쪽으로 나 자신을 움직임으로써 가능해진다. 멀리서 들리는 소리를 듣기 위해서는 가까이 다가가야 하고, 뭔가를 보기 위해서는 그쪽에 눈길을 주어야 한다. 이런 의미에서 움직임은 외부로 나타나는 것이지만, 반드시 그럴 필요는 없다. 생각이 그 대상 쪽으로 움직여도 된다.

내 시야에 있는 모든 대상이 내 눈의 망막을 통해 뇌로 전달되어 인식되는 것은 아니다. 또 내 주위에서 발생하는 모든 소리가 귀를 통해 뇌로 전달되어 인식되는 것도 아니다. 길을 걷다가 옆에 스치는 광고판도 내가 주의를 기울일 때에 비로소 내 눈에 보인다. 시끄러운 지하철에서는 나와 대화하는 사람의 말소리만이 내 귀에 들린다. 이처럼 주위 환경의 자극 중 내 감각세포를 자극하여 지각되는 것은 내가 주의를 기울인 자극이다. 그리고 그 주의는 선택적이다. 가령 정치적인 문제로 대립하고 있는 여당 의원과 야당 의원이 TV 토론회에 참석해 열띤 토론을 했다고 하자. 이때 청중의 정치적인 입장이 여당 혹은 야당 어느 한쪽에 편향되어 있다면, 토론이 끝나고 무엇을 들었는지 물어봤을 때 이들이 하는 대답은 같은 프로그램을 시청했다고 믿기 어려울 정도일 것이다.

이처럼 지각은 의식적인 감각 경험이다. 감각한 경험을 우리의 의식으로 알게 되었을 때 비로소 지각이 성립한다. 즉 감각된 것 중 일부만이 지각되는 것이다. 예를 들어 옷을 입고 있을 때 옷에 대한 촉감을 항상 느끼는 것은 아니다. 옷에 대한 촉감을 느끼는 순간이 감각이 지각되는 시점이다.

치과에서는 치료에 앞서 통증을 느끼지 못하게 종종 주사를 놓는다. 이때 사용되는 약은 마취제로 삼차신경(뇌신경의 하나로 눈, 위턱, 아래턱의 세 신경으로 나누어진다.)을 일시적으로 마비시킨다. 이때 통증뿐만 아니고 다른 감각신경도 마비되기 때문에 입 안이나 혀의 감각도 둔해진다. 이런 상태에서 밥을 먹는다고 해 보자. 혀를 쉽게 깨물게 된다. 혀를 움직이는 근육은 마비된 것이 아니기 때문에 기능을 잘 하고 있지만 이런 일이 발생한다. 왜 그럴까? 평상시에는 음식을 씹을 때 혀의 위치가 자동적으로 정해지지만 마취제로 인해 감각이 없어지면 혀의 위치는 의식적인 활동에 의해서 정해진다. 의식적인 근육 운동은 자동적인 운동보다 훨씬 기능이 떨어진다. 그래서 혀를 자주 깨물게 된다. 평소에는 우리가 의식하지 못하는 감각 기능이 자동으로 작동한다는 것을 알 수 있다. 반면 지각이란 지금 내가 씹고 있는 음식의 느낌을 의식적으로 느끼고자 할 때 비로소 발생한다. 이처럼 감각과 지각은 엄밀하게 다른 의미이지만 혼용되는 경우가 흔하다. 특히 동물의 감각을 말할 때는 거의 같은 의미로 쓰인다.

# 인식
감각을 해석하는 방식 | 열쇠라고 불리는 물체를 보면 우리는 바로 그것이 자물쇠를 열 때 사용하는 물건이라는 것을 안다. 이를 인식認識, cognition이라고 한다. 인식은 인지認知와 같은 말이다. 그런데 인식, 즉 이것이 열쇠라는 것을 알기 위해서는 지각 이후의 재인再認, recognition이라는 과정이 필요하다. 재인이란 뇌에서 지각된 대상을 특정 범주로 배정하는 능력을 의미한다. 따라서 재인이나 인식은 본래 의미는 다를지라도 궁극적인 의미는 같은 말이다.

지각과 인식은 동일한 것처럼 보이지만 그렇지 않다. 지각은 가능하지만 인식이 불가능한 경우가 있다. 이를 인식불능증, 다른 말로 실인증失認症, agnosia이라고 한다. 이는 주로 뇌졸중이나 뇌종양과 같이 대뇌의 국소적인 병에 의해서 발생하는데, 매우 드문 증상으로 이를 이해하는 것이 쉽지는 않다. 신경과 전문의들도 진단하기 어려운 까다로운 질환이다.

인식불능증에는 여러 종류가 있어서, 감각만큼이나 그 종류가 다양하다. 어떤 사람이 열쇠를 보고 그 모양이나 색을 말할 수는 있지만 그것이 무엇에 쓰이는지를 알지 못한다면 이 사람은 시각 인식불능증 환자다. 이 사람의 촉각 인식이 정상이라면 열쇠를 손으로 만졌을 때는 그것이 무엇인지를 알 것이다. 어떤 환자는 자기 아내의 얼굴을 보고 여자 얼굴이라는 것은 알지만 자기 아내라는 것을 모른다. 그러나 목소리를 들으면 자기 아내라는 것을 안다. 이것도 시각 인식불능증이다. 시각 인식불능증에는 얼굴 인식 불능증, 색<sup>e</sup> 인식불능증, 물체 인식불능증 등이 있는데, 뇌의 어떤 부위에 이상이 생겼는지에 따라 증상이 달라진다. 아내의 얼굴을 인식하지 못한 사례는 얼굴 인식불능증이고, 열쇠를 인식하지 못한 사례는 물체 인식불능증이다. 색 인식불능증은 여러 가지 색이 있으면 그것들이 다르다는 것은 알지만 색은 인식하지 못한다.

청각 인식불능증의 경우는 청력검사에서는 전혀 이상이 없으나 기차 소리나 매미가 우는 소리를 들려주었을 때 그 소리가 무엇을 의미하는지를 알지 못한다. 즉 기차가 지나가는 소리를 들을 수 있기 때문에 자기가 들은 소리를 '칙칙폭폭'이라고 표현할 수는 있지만, 그 소리가 기차에서 나는 소리인지는 모른다.

촉각 인식불능증 환자는 눈을 가리고 물체를 만졌을 때 물체가 생긴 모양을 잘 묘사할 수 있으나 그것이 무엇인지 모른다. 즉 촉각은 정상이지만 촉각을 통해서 그 사물이 무엇인지를 알아내지 못한다. 예를 들어 열쇠를 만진다고 할 때, 그 모양을 기술할 수는 있지만 자물쇠를 열 때 사용하는 물건이라는 것을 인식하지 못한다.

인식이란 뇌에 들어온 감각 입력을 해석해서 이해하는 과정이다. 지금 보고 있는 것이 무엇인지 이해하거나, 들려오는 소리가 무엇인지 알아내거나, 지금 맡은 냄새가 갓 구워 낸 빵에서 난다는 것을 알아내는 과정이다. 이는 과거 경험에 대한 기억에 기초한다. 그래서 재인이라는 용어로도 쓰이는 것이다. 어쨌든 이러한 과정을 거쳐 뇌는 여러 감각을 통합하여 지식을 쌓아 가고 운동신경을 통해서 신체를 움직인다. 신체의 움직임은 소리를 듣는 과정이나 물체를 보는 지각 과정에서 이미 나타나기 때문에, 행위는 인식 과정의 한 부분이면서 동시에 그 결과다.

# 상상

건 강 한  삶 에  필 수 | 인간이 대상을 인지하는 것은 감각-지각 과정을 거쳐서만 되는 것이 아니라 상상의 도움을 받는다. 감각-지각의 경우 그 대상이 실제로 존재한다. 따라서 내가 그것에 물리적인 영향을 끼칠 수 있다. 물리적 영향이란 만진다든지 움직이게 해서 시공간이나 에너지의 변화를 초래하는 행동을 말한다. 반면 상상이란 자신이 의도적으로 만들어 낸 것이며, 외부적인 지각이

라는 의미에서는 실재하지 않는다. 상상을 의미하는 imagination 의 원래 의미는 외부 대상의 이미지를 우리 마음속에 만드는 능력 을 말하지만, 현대에는 외부 대상이 없는 상태에서 마음속에서만 만들어 내는 이미지나 사고 경험이라는 의미로 더 많이 사용된다.

상상과 유사한 용어로 공상(환상)<sup>fantasy</sup>이 있다. 상상과 공상은 같은 의미이지만, 공상이나 환상이 좀 더 현실성이 떨어진다는 의 미로 사용된다.

정상적인 의식을 가진 사람이라면 자신이 실제로 존재하는 사 물을 지각하고 있는지, 단지 상상하고 있는지를 바로 확신을 가지 고 구분할 수 있다. 우리는 지금 당장 보고 싶은 애인에 대해서 바 로 옆에 있는 것처럼 모습이나 표정, 혹은 냄새까지도 세세하게 느낄 수 있다. 그러나 애인이 현재 여기에 있지 않다는 것을 알고 있으며, 공상에서 깨어났을 때의 아쉬움이 진짜 만나고 헤어질 때 의 아쉬움과는 다르다는 것도 안다.

누군가가 자신이 과거에 경험한 감각에 대해 이야기한다면, 그 말에는 다음과 같은 단계가 일어났다는 사실이 내포되어 있다. 즉 당시에 그 감각을 의미 있는 것이라 지각하여 내적으로 등록하였 고, 그 지각을 나중에 재현할 수 있도록 기억저장고에 저장하였 다. 이렇게 기억된 지각을 재현하는 것이 상상이다. 그런데 상상 은 이런 과정을 거쳐서만 생기는 것은 아니다. 어떤 감각은 당시 에 의미 있는 것으로 지각되지 않고서도 기억저장고에 기록된다. 이를 무의식적 기억이라고 한다. 꿈은 이렇게 저장된 감각에 의지해 나타나기도 한다. 또 상상은 의식적인 혹은 무의식적인 과거의 기억에만 의존하는 것이 아니다. '소똥으로 만들어진 송아지'와 같이 전혀 경험해 보지 못한 이미지도 우리는 상상할 수 있다.

대상에 대한 지각은 현재의 즉각적인 감각과 이와 동시에 발생하는 기억이나 상상이 섞이면서 경험하는 복합적인 결과다. 따라서 상상은 정신 활동의 본질적인 요소다.

상상은 오감 중 어떤 것에도 해당할 수 있지만 특히 시각적인 것이 많다. 하지만 직접적인 이미지로는 떠올릴 수 없는 의도를 머릿속에 그려 보는 것도 상상의 일종이다. 누군가 자기 자신은 전혀 공상을 하지 않는다고 해도, 이를 곧이곧대로 받아들여서는 안 된다. 그는 다만 시각적인 이미지를 자주 갖지 않는다고 말하는 것뿐이다.

우리 일상생활에는 실제 감각과 상상이 항상 섞여 있다. 우리가 제주도행 비행기 표를 살 때는, 단지 비행기를 탈 수 있는 권리를 사는 것뿐만 아니라 비행기를 탔을 때의 즐거움도 사는 것이다. 이처럼 조금만 생각해 보면 실제 감각 지각과 상상을 쉽게 구별할 수 있지만, 일상생활에서는 굳이 구분하여 생각하지 않는다.

일반적으로 풍부한 상상은 정신병적인 경향이 있음을 의미한다기보다는 오히려 삶에 대한 만족이나 정서적 안정과 연관되어 있다. 우울증에 걸린 환자에게 자신이 사는 집에 대해 묘사해 보라고 하면 우울한 생각에 사로잡혀 기억력이 떨어진 것처럼 이미지를 떠올리기 힘들어한다.

# 감각의 종류

24

오감은 좁은 의미의 감각 | 일반적으로 사람들은 감각 하면 시각, 청각, 미각, 후각, 촉각 등을 말한다. 이를 다섯 가지 감각, 즉 오감 五感이라고 한다. 이것은 우리 몸 밖에서 우리 몸에 입력되는 감각만을 말한 것에 지나지 않는다. 이 외에 두 가지 감각이 더 존재한다. 바로 평형감각과 내장감각이다. 그래서 인간의 감각을 통틀어 세 가지로 분류할 수 있다. 오감은 그중 하나일 뿐이다.

평형감각은 우리 몸의 균형을 잡아 주는 기능을 하는데, 두 가지가 있다. 하나는 신체가 공간에서 어디에 위치해 있고, 어떻게 움직이는지 알려 주는 감각이다. 이를 고유固有감각proprioception이라 한다. 이 덕분에 우리는 눈을 감고서도 자신의 팔이나 다리가 어디에 위치해 있는지를 안다. 두 번째 평형감각은 전정감각(안뜰감각)vestibular sense인데, 귀 안쪽에 있는 전정기관(안뜰기관)이 담당한다. 이 기관은 우리 몸의 움직임, 특히 머리의 움직임을 정확히 지각한다. 그 덕분에 우리는 흔들리는 차 안에서도 눈의 움직임이 자동적으로 조절되어 책을 읽을 수 있다. 눈은 가만히 있고 책을 흔들면 책을 읽을 수 없지만, 책은 가만히 있고 얼굴을 흔들면 책을 볼 수 있다. 이는 머리의 위치를 감지한 전정기관의 정보가 눈을 움직이는 운동신경에 곧바로 전달되기 때문이다.

세 가지 분류 중 마지막 하나는 심혈관계와 소화기관에 존재하는 내장감각이다. 우리가 음식을 삼키면 그 음식물은 자동적으로 소화가 되어 똥으로 나온다. 우리가 식도 입구까지만 음식을 보내면 음식물은 식도-위-작은창자-큰창자를 거쳐서 자동적으로 소화가 된다. 소화기관에는 외부에서 들어오는 음식에 대한 감각 작용이 있기 때문이다. 다만 이것이 자동적으로 이루어지기 때문에 우리가 의식하지 못할 뿐이다. 이런 기능을 하는 신경이 자율신경이다. 또 우리가 피를 어느 정도 흘리더라도 혈압은 유지된다. 혈관과 심장에서 혈액량을 인지하여 자동적으로 혈관을 수축시키기 때문이다. 이러한 감각을 내장감각이라고 한다. 내장감각은 우리의 생명과 밀접하게 관련되어 있고 감각의 일종이지만, 일반적으로 감각기관을 이야기할 때는 빠진다.

다시 한번 감각의 종류를 정리하면, 좁게는 오감을 말하고, 좀 더 넓게는 평형감각을 포함한 여섯 감각을 말하고, 모든 감각을 말할 때는 내장감각까지 포함한다.

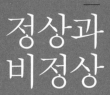

2

정상과
비정상

감각이란 외부 자극에 대해 신경세포가 처음으로 자극되는 단계를 말하고 지각은 외부 자극에 대한 뇌의 경험을 말하지만 두 단계의 경계가 명확한 것은 아니다. 특히 비정상적인 감각이나 지각을 말할 때는 더욱 애매해진다. 이 경우 뇌에서 경험한 것을 기준으로 할 수밖에 없기 때문에 감각보다는 지각이라는 개념을 더 많이 사용한다.

비정상 지각에는 두 종류가 있다. 하나는 감각 왜곡sensory distortion이고 다른 하나는 잘못된 지각false perception이다. 감각 왜곡은 실재하는 대상을 왜곡하여 지각하는 것을 말하고, 잘못된 지각은 존재하지 않는 대상을 지각하는 것을 말한다. 여기서 비정상적 혹은 잘못된 것이라고 하는 것은 반드시 병적인 상태를 의미하는 것은 아니다. 단지 대다수가 아니고 소수라는 의미다.

# 감각 왜곡

**흔들리는 감각** | 뇌질환이 있든 없든 정신 상태의 장애는 감각 왜곡을 유발하기도 한다. 이런 왜곡 현상에는 지각의 강도와 질質의 변화, 지각과 관련된 느낌의 변화, 지각의 분열 등이 있다.

## 지각의 강도와 질의 변화

어떤 자극도 느끼지 못하는 상태를 무감각<sup>anesthesia</sup>이라고 한다. 고대 그리스어에 어원을 둔 anesthesia는 an(non)과 aesthesia (perception, feeling)의 복합어다. 무감각이란 지각의 강도도 없고, 질도 없는 상태를 말한다. 감각이란 생명체의 기본 조건이기 때문에 무감각 상태의 생명체는 없다. 따라서 무감각은 생명체의 감각이라 할 수 없다. 현대에 와서는 무감각을 의미하는 anesthesia라는 용어가 '마취'의 의미로 사용된다. 마취란 통증과 같은 감각을 느끼지 못하게 하거나 의식을 잃게 한다는 의미다.

감각이 정상 이하로 감소된 것을 감각 저하, 증가된 것을 감각 과민이라고 한다. 이들은 감각 강도(세기)의 변화다. 모든 종류의 감각에서 나타날 수 있다.

'모든 것이 검게 보인다. 모든 음식이 맛이 똑같다. 소리가 멀게 들린다. 모든 것이 단조롭다.' 이런 현상이 지각에 대한 강도의 감소다. 이는 지각의 변화이지 감각기관의 문제는 아니다. 모든 것이 검게 보인다는 환자라고 해도 여전히 사물의 색을 구분할 수 있기 때문이다. 이렇게 감각의 강도가 줄어드는 현상은 우울증에서 흔히 나타난다.

어떤 사람은 모든 소리가 이상하게 크게 들린다고 괴로워한다. 작은 소리도 견딜 수 없고, 일상 대화가 참을 수 없이 크게 들린다. 이런 증세는 우울증, 편두통, 숙취 상태에서 잘 나타난다. 청각이 정말 좋아진 것은 아니고 단지 소음을 불쾌하게 느끼는 역치가 저하되었을 뿐이다. 그리고 색이 뚜렷하고 생생하게 느껴지는 경우도 있다. 이는 마약을 했을 때의 황홀경과 연관되기도 하고, 조증이나 간질의 증상으로 나타나기도 한다.

지각의 질의 변화는 마루엽(두정엽)parietal lobe 기능의 변화 때문에 종종 나타난다. 이때는 대상이 실제 크기보다 작아 보이기도 하고, 더 커 보이기도 한다. 또 부분적으로 어느 한 부분만 작아 보이기도 한다. 간질, 정신분열병, 약물중독 상태에서 이런 현상이 나타난다. 대표적인 약물은 메스칼린mescaline이다. 메스칼린은 선인장에 들어 있는 성분으로 과거 인디언들이 종교의식에서 사용했다. 메스칼린을 복용하면 신체의 일부가 공중에서 절단되거나 떨어져 나간 것처럼 보인다. 대상의 색이 변하여 지각되기도 한다.

**지각과 관련된 느낌의 변화**

사람들은 얼굴 표정을 보면 상대방이 즐거워하는지 슬퍼하는지를 알 수 있다. 이처럼 지각과 감정은 동시적이다. 사람들은 일상생활에서 지각과 감정의 동시성을 의식하지는 못하지만 지각은 항상 친숙함, 기쁨, 혐오, 흥분 등과 같은 감정을 동반하다. 그래서 사람의 밑바탕에 깔린 기분 상태는 지각에 큰 영향을 미친다.

우울증 환자는 종종 "아무것도 재미가 없다. 나를 둘러싼 삶은 이제 아무런 의미가 없다. 나는 죽은 것이나 다름없다."는 말을 한다. 이 경우 친한 사람들의 얼굴을 봐도 행복을 느낄 수 없다. 정신분열병에서도 비슷한 증상이 나타난다. 정신분열병 환자들은 상대방의 얼굴을 보고 그 사람의 감정을 판단하는 능력이 떨어진다. 그러나 상대방의 나이를 판단하는 데는 문제가 없다. 이는 정신분열병 환자들의 경우 지각 능력에는 문제가 없다는 것을 의미한다. 단지 지각의 의미를 파악하지 못할 뿐이다.

마약으로 황홀감에 빠지면 평범한 대상이 눈부시게 아름다운 대상으로 변한다. 강력한 환각제인 LSD 중독으로 입원한 어떤 환자는 망상이나 환각이 없는 상태에서도 병실의 우중충한 벽면과 천장이 만나는 모서리에서 색의 아름다운 대조를 발견하고 거기에 빨려들어 넋을 잃고 바라본다.

### 지각의 분열

감각-지각 왜곡의 마지막 예는 지각의 분열이다. 이 현상은 정신분열병에서 종종 나타나는데, 흔한 것은 아니다. 텔레비전을 보던 어떤 환자는 텔레비전에서 나오는 영상과 소리가 서로 경쟁하는 느낌을 받았다. 이 두 감각이 같은 곳에서 나오는 것이 아니라 상반되는 메시지를 전달하며 서로 자신의 주의를 끌려고 경쟁한다고 느꼈다. 각기 다른 감각 양식을 통한 지각 간에 통합이 이루어지지 못할 때 지각의 분열이 생긴다. 그래서 동일 대상에 대한 감각이 서로 분리되어 있고, 심지어는 서로 갈등하는 것으로 보인다.

## 잘못된 지각
**유령처럼 보일 때와 유령이 보일 때** | 실재하는 대상에 대한 지각에 변화가 생기는 것이 아니라 존재하지 않는 대상을 지각하는 현상이 잘못된 지각인데, 여기에는 착각과 환각 등이 있다. 잘못된 지각이라고 해도 모두 비정상적인 것은 아니다. 특히 착각에서 언급되는 현상은 대부분 오히려 정상적이고, 이런 착각을 하지 않는 사람이 오히려 비정상적이다. 일상생활에서는 착각illusion이 잘못된wrong 것을 의미하지만 정상과 비정상의 경계는 없다.

착각이란 지각의 변형이며, 공상과 정상 지각이 혼합되어 발생한다. 그리고 착각은 감각을 유발하는 대상이 외부에 존재할 때 발생한다. 이에 비해 환각은 외부 대상이 전혀 없는 상태의 지각이다. 자기 앞에 아무것도 없는데 고양이가 보이면 환각이고, 개가 있는데 고양이로 지각하면 착각이다. 또 아무 소리도 들리지 않는데 사람 목소리를 들으면 환각이고, 시냇물 흐르는 소리가 들리는데 이것을 사람이 소곤소곤 속삭이는 소리로 지각하면 착각이다.

| 그림 2-1 | A와 B는 진하기가 같지만 B가 훨씬 선명해 보인다.

## 착각

착각은 대부분 인간의 뇌가 지각하는 일반적인 방식 때문에 발생한다. 따라서 사람들은 대부분 착각을 공유한다. 〈그림 2-1〉에서 A와 B는 같은 진하기로 인쇄되어 있다. 하지만 B가 훨씬 선명해 보인다. 주위 배경과 비교해서 판단하는 뇌의 작동 방식 때문에 나타나는 착각이다.

우리가 영화를 볼 때도 최소한 두 가지 착각이 작동한다. 화면의 대상이 계속 움직이는 것처럼 보이는 것이 첫 번째 착각이다. 영상 필름은 토막토막 사진을 계속 이어서 비추는 디지털 이미지인데, 우리는 부드럽게 이어지는 아날로그 이미지로 지각한다. 또다른 착각은 배우의 목소리가 화면에서 나오는 것으로 지각하는 것이다. 실제 배우의 목소리는 스크린에서 나오는 것이 아니고 스크린의 옆, 심지어는 관객의 뒤에서 나오는 경우도 있다.

마임 예술은 착각을 공개적으로 이용한다. 배우들은 아무것도 없는 빈 공간에서 사다리를 타고 올라가는 몸짓을 하거나 벽에 기대는 몸짓을 한다. 그때 관객은 마치 거기에 사다리나 벽이 있는 것처럼 착각한다. 또 손가락을 둥그렇게 모아 그 안에 들어 있는 것을 바닥에 던지는 시늉을 한 다음 튀어 오르는 듯한 동작으로 그것을 잡으면 그 안에 공이 있을 것이라고 착각한다. 관객들은 항상 반복되는 일상적인 생활 경험을 바탕으로 반사적으로 그렇게 예측하고 상상하기 때문이다. 그래서 착각은 감각과 상상의 결합에서 나온다.

우리의 예측도 착각을 일으킨다. 무게는 같은데, 하나는 부피가 크고 하나는 작은 가방 두 개를 각각 들어 보고, 어떤 것이 더 무거운지 비교해 보자. 부피가 작은 가방이 더 무겁다고 느낄 것이다. 실제로 더 무거운 것은 아니지만, 자기가 예측해서 준비한 근육이 발휘할 힘보다 더 큰 힘이 필요하기 때문에 무겁다고 느낀다.

착각은 시각, 청각, 후각, 미각, 촉각 등 모든 감각에서 나타난다. 음식점에서 식탁보 위에 놓인 수저를 만져 보면 바로 밑의 식탁보에 비해 차갑다고 느낀다. 이것도 착각의 일종이다. 식탁보와 수저는 같은 실온에 있기 때문에 온도가 같을 것이다. 이것은 손가락에서 열이 전달되는 속도가 천보다는 금속물질 쪽이 더 빠르기 때문에 느끼는 착각이다.

기분 상태에 따라서도 지각이 변한다. 이때 착각의 내용은 전반적인 감정 상태의 맥락에서만 이해될 수 있다. 어둠을 무서워하는 아이는 어슴푸레한 새벽녘에 혼자 잠에서 깨면 벽에 걸린 수건

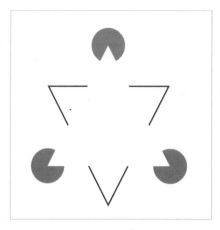

| 그림 2-2 |  완성착각. 우리 뇌는 원형에 대한 이미지가 있을 때 비어 있는 부분을 채워 완성형을 떠올린다.

만 보고도 무서워한다. 어머니가 들어와 공포감이 사라지면 이런 착각도 없어진다. 사랑하던 사람이 죽으면 한동안 군중 속에서 그 사람의 모습이 언뜻언뜻 보인다. 물론 그 사람을 돌려 세워 아니라는 것을 금방 알면, 순간 느낀 친숙함도 사라진다.

다음 문장을 읽어 보자. 나는 아릉다운 여자다. 아마 대부분 '아릉다운'을 '아름다운'으로 읽었을 것이다. 우리는 글을 읽으면서 오자가 있어도 흔히 이를 놓치며 마치 글자가 정확한 것처럼 읽어 나간다. 하지만 이런 실수에 주의를 돌리면 틀린 글자를 지각하게 된다. 이는 우리의 지각이 단편적인 감각 자극을 지각하는 것이 아니라 과거의 경험에 비추어 통합된 전체가 제시하는 의미를 지각하기 때문이다. 형태심리학에 따르면 인간은 친숙하지만 불완전한 형태를 완전한 것으로 완성시키려는 경향이 있다.

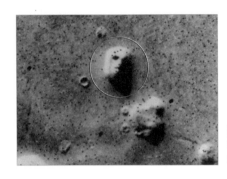

|그림 2-3| 화성의 표면을 촬영한 이 사진을 보고 사람들은 사람 얼굴을 떠올린다.

주변의 환경은 우리에게 이해될 수 있어야 한다. 만일 감각적 단서가 사리에 맞지 않으면 우리는 기억에서 꺼내 오거나 공상한 재료들을 활용해 이를 변형시킴으로써 지각 경험 전체가 의미 있는 것이 되게 한다. 이때 발생하는 지각의 오류를 완성착각이라고 한다. '아릉다운'을 '아름다운'으로 읽은 것도 바로 완성착각이다. 〈그림 2-2〉를 보면 대부분의 사람들은 삼각형을 떠올린다. 우리 뇌에 삼각형에 대한 이미지가 있어서 부족한 부분을 채워서 지각하기 때문이다. 이것도 일종의 완성착각이다.

〈그림 2-3〉은 1976년 화성탐사선 바이킹 1호가 화성의 표면을 촬영한 것이다. 암석 조각이 흩어진 것이지만 사람들은 사진을 보면서 사람의 얼굴을 연상한다. 이런 착각을 파레이돌리아pareidolia 라고 한다. 파레이돌리아는 변상착각이라고 번역하기도 하는데, 전형적으로 의미 없는 무늬나 형태를 보고 구체적인 이미지를 지각하는 착각이다. 대부분의 착각은 착각의 원인을 알고 주의를 집

중하면 착각을 인식할 수 있지만 파레이돌리아는 오히려 주의를 기울일수록 점점 더 복잡해지고 자세해진다. 그것이 실재가 아니고 허상에 불과하다는 것을 알지만 그렇게 보이는 것을 떨쳐버릴 수가 없다.

사람들은 종종 커피 사진만 보고서도 향긋한 헤이즐넛 향을 느낀다. 시각 자극이 후각을 느끼게 하는 것이다. 이처럼 어떤 감각 자극에서 전혀 다른 감각을 경험하는 현상을 공감각이라 한다. 착각의 일종이다. 가장 대표적인 공감각은 글자를 보고 색깔을 느끼는 현상이다. 이런 종류의 공감각을 보여 준 유명한 사람은 19세기 프랑스의 천재 시인 랭보다. 그의 '모음'이라는 시는 이렇게 시작한다. "검은 A, 흰 E, 붉은 I, 푸른 U, 파란 O: 모음들이여, 언젠가는 너희의 보이지 않는 탄생을 말하리라." 시인들은 공감각이 발달했건 그렇지 않건 간에 '분수처럼 흩어지는 종소리'와 같은 공감각적인 표현을 많이 쓴다.

시인뿐만 아니고, 예술가들은 상당수가 공감각이 발달해 있다. 추상화가 칸딘스키는 그림을 보고 음악을 들었고, 음악가 스크랴빈이나 리스트는 음악에서 색채를 느꼈다. 칸딘스키는 청각을 시각적 이미지로 표현한 〈구성composition〉 연작을 발표했는데, 그의 그림을 보면 음악이 들리는 것 같다는 사람도 많다.

넓은 의미의 공감각은 인간이면 모두 가지고 있다. 예를 들어 손톱으로 칠판 긁는 소리를 들으면 우리 대부분은 등줄기에 오싹

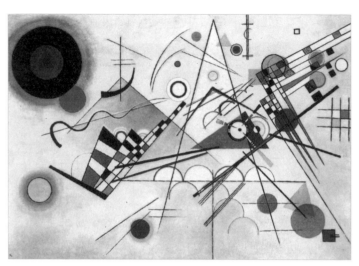

| 그림 2-4 | 칸딘스키는 〈구성〉 연작에서 음악을 시각 이미지로 표현했다. 칸딘스키의 〈구성 VIII〉.

한 느낌을 받는다. 그리고 노란색이나 붉은색을 보면 따뜻함을 느끼고, 파란색을 보면 차가움을 느낀다. 또 다정한 애인의 목소리에서 밝은 색을 느끼고, 냉랭한 대화에서는 푸른 계통의 색을 느낀다. 공감각은 사업에도 이용되어, 식당의 경우 식욕을 돋우기 위해 주황색을 많이 이용한다.

공감각은 고통을 불러오기도 한다. 어떤 의사가 진료 중 차트를 기록하고 있는데, 옆에 있던 환자가 "선생님이 내 위胃 속에 글씨를 쓰고 있는 것을 느낄 수 있어요."라고 말했다. 그 환자는 글씨 쓰는 동작을 보고 들으면서, 이 때문에 뱃속에 촉각적 감각이 생겼다고 확신하였다. 이것은 환각적 형태의 공감각이다. 어떤 사람은 특정 단어가 언급될 때마다 통증을 경험한다. 이러한 환각적 공감각은 착각의 일종인 공감각이라기보다는 환각으로 분류한다.

### 환각

한 여자가 집에서 혼자 밥을 먹고 있다. 그런데 누군가가 자신의 행동을 비난하는 소리가 들린다. 하지만 방 안에는 아무도 없으니 아마 이웃 사람들의 목소리일 것이라 생각한다. 어떻게 멀리 있는 이웃의 목소리가 들리는지는 이해할 수 없지만 목소리가 사실일 것이라고 확신하는 여자는 창문과 커튼을 닫는다. 마음속에 갈등이 없는 것은 아니다. 목소리는 들리는데 말하는 사람은 보이지 않기 때문이다. 하지만 그녀는 자신의 지각을 믿기 때문에 나름대로 합리적인 해결 방법을 찾는다. 누군가 자기 집에 보이지 않는 어떤 장치를 설치했거나 자신의 머리에 기계를 설치해서 소리가 나게끔 했다고 믿는 식으로 말이다. 결코 자신의 지각을 의심하지는 않는다.

정신분열병을 앓고 있는 이 여성이 경험하는 소리는 환청인데, 환각幻覺의 일종이다. 환각이란 대상이 없는 지각으로, 시각, 청각, 미각, 후각, 촉각 등 모든 감각에서 나타날 수 있다. 환각은 자기가 의도하지 않은 상태에서 저절로 생기며, 지각하는 사람이 조절할 수도 없고, 실제 지각과 동일한 정도의 강도와 영향력이 있다. 주관적으로 당사자에게 환각은 정상적인 지각과 구별되지 않는다. 따라서 의사들에게는 환각이지만 환자에게는 극히 정상적인 감각 경험이다.

환각은 정상적인 감각 자극을 수용하면서도 나타난다. 친구와 대화하는 중에도 다른 사람의 목소리를 환청으로 들을 수 있다. 이런 점에서 환각은 꿈과는 다르다. 환각은 정상적인 지각표상과 같이 여러 가지가 동시에 또는 연속적으로 지각될 수 있다. 환각 역시 감각으로 지각되는 것이지, 공상이나 생각으로 경험되는 것은 아니다. 자신이 환각을 경험하고 있다는 유일한 단서는 다른 감각 양식을 통해서는 그 표상을 뒷받침하는 감각 증거를 찾을 수 없다는 것이다. 또 다른 차이는 정상적인 사람은 자신이 지각한 감각 대상을 다른 사람들도 똑같이 지각할 수 있을 것이라고 생각하는 반면, 환각을 경험하는 환자는 타인이 자신의 경험을 공유할 수 있다고 믿지 않는다.

환각은 정상적인 사람들에게서도 나타난다. 잠들 때와 깨어날 때, 또 졸음이 증가하는 단계에서 나타나고, 당사자는 이것 때문에 잠이 깼다고 생각한다. 시각, 청각, 혹은 촉각 등 모든 형태가 가능하다. 침대에서 누군가 자신을 미는 것을 느끼거나, 누군가 침실을 가로질러 오는 영상을 보거나, 길 건너편에서 누군가 질러대는 소리를 듣는 식이다. 이때 생각, 느낌, 지각과 공상, 마침내는 자아에 대한 인식이 희미해져서 망각 상태에 이른다. 그러나 잠에서 깨어나면 그것이 실재가 아니었다고 인식한다.

객관적인 외부 대상이 없는데도 들리는 소리에는 환청幻聽과 귀울림(이명)이 있다. 사람의 말소리처럼 내용을 가진 소리를 환청이라고 하고, 구조화되지 않은 '윙' 하는 소리는 귀울림이라 한다. 휘파람 소리, 기계 소리 등이 귀울림의 예다. 정신병의 다른 증상이 없이 귀에서 윙 하는 소리가 난다면 귀울림이라고 할 수 있지만, 정신분열병을 앓고 있는 환자가 이런 소리를 듣는다고 할 때는 이것이 귀울림인지 환청인지 감별하기 어렵다.

사람의 목소리가 들리는 음성 환각의 70~80%는 정신분열병 때문이다. 목소리의 주인공은 한 사람일 수도 있고, 여러 사람일 수도 있다. 그리고 아는 사람일 수도 있고, 모르는 사람일 수도 있다. 환자 자신은 그 목소리가 자신의 머리에서 혹은 외부에서 온다고 생각한다. 목소리는 또렷하고, 객관적이며, 분명하다. 환자는 그 의미에 대해서 혼란스러워하고, 이해하지 못하는 경우도 있지만 정상적인 지각표상이라고 여긴다.

정신분열병에 특히 특징적인 환청은 환자 자신의 생각을 크게 되풀이하는 목소리, 환자의 행동이나 말에 대해 끊임없이 비평하는 목소리, 서로 다투고 논쟁하는 목소리 등이 들리는 것이다. 어떤 사람에게 이 세 가지 환청이 들린다면, 정신분열병을 앓고 있다고 진단할 수 있다. 이들은 모두 '나' 인 것과 '내가 아닌' 것을 구분하지 못해서 발생하는 환청이기 때문이다.

정신분열병 환자의 50% 정도는 환청이 들리기 전 슬픈 감정을 느끼며, 뱃속이 요란하게 요동치거나 울렁거리는 느낌을 받는다. 환청은 대부분 일반적인 대화 소리 정도의 크기로 들리지만, 때에 따라 속삭이는 소리나 큰 소리로 들리기도 한다. 내용의 절반은 선善과 악惡을 상징한다. 평균적으로 서로 다른 세 가지 목소리가 등장하고, 적어도 그중 하나는 평소에 자신이 아는 사람의 목소리다.

정신분열병 환자의 절반가량은 어떤 식으로든 목소리가 덜 들리게 할 수 있고, 나름대로의 대처 방안을 가지고 있다. 드러눕는다든지 하는 식으로 자세를 바꾸거나 다른 사람들과 함께하려고 하는 것들이 대처 방안의 일종이다. 자기 나름의 대처 방안이 없는 환자의 경우는 본인이 느끼는 고통이 더 심하다. 환청이 들린 기간이 길면 길수록 환청이 길어지며, 여러 사람의 목소리가 등장하고, 다양한 형태의 감정 표현 또는 문법적 표현이 등장한다.

음악이 환청으로 들리는 경우가 있다. 음악 환청은 대부분 청력이 감소했거나 뇌 질환을 앓고 있는 노인 환자에게서 나타난다. 청각에 장애가 있어서 정상적인 외부 소리를 듣지 못하면, 입력을 차단당한 대뇌의 청각피질(청각겉질) 일부가 자발적으로 활성화되기 때문이다. 그러면 과거에 많이 듣던 음악 기억으로 구성된 음악 환청이 들린다. 이때 관자엽(측두엽)temporal lobe, 바닥핵(기저핵)basal ganglia, 소뇌cerebellum 등 뇌의 여러 부위가 활성화되는데, 이 부위는 모두 진짜 음악을 지각할 때 활성화되는 부위다. 아마도 끊임없이 활동하는 뇌가 청각이든 시각이든 정상적인 자극을 더 받지 못하면 자체적으로라도 자극을 만들어 내는 성향이 있기 때문일 것이다.

환청으로 들리는 음악은 예측하기 어렵지만 상황에 따라 달라지기도 한다. 청력을 갑자기 상실한 어떤 환자는 교회 근처에 가면 성가가 환청으로 들리고, 요리를 할 때는 음식과 관련된 노래가 환청으로 들린다. 그렇다고 환청을 자신의 의지로 멈출 수는 없다. 다만 환청에 적응이 되면 자신의 의지로 변화는 줄 수 있다.

환청이 반드시 비정상적인 현상은 아니다. 정상인에게서도 청각 자극에 대한 현실 검증 능력이 떨어지면 상상이 작동하면서 발생할 수 있다. 사람들에게 녹음기로 'tress'라는 단어를 10분간 계속 반복해서 들려준 실험이 있었다. 이렇게 동일한 음절을 반복해서 들으면 정상인이든 환자든 녹음기에서 나오는 음에서 전혀 다른 단어나 음절이 들리기 시작한다. 그러나 이렇게 들리는 소리가 정상인과 환청을 가진 정신분열병 환자의 경우 서로 달랐다. 정상인은 원래의 소리인 'tress'와 음성학적으로 연관된 단어를 듣지만 환자들은 전혀 관계가 없는 단어를 듣는 경우가 많았다.

69세 남성 환자가 정신과에 의뢰되었다. 그는 자신이 자위행위하는 모습을 며느리와 손자에게 들켰으므로 자기 인생은 끝났으며 죽어야 한다고 했다. 그의 부인에 의하면 그것은 사실이 아니며 증상이 발생하기 열두 시간 전부터 그가 매우 초조해하고 괴로워했으며 그날 자기 집에는 며느리도 손자도 없었다고 했다. 의사 앞에서도 그는 매우 초조해하고, 자기 눈앞에 유리판이 보인다고 하면서 이를 잡으려 했다. 또 사방에 먼지가 떨어지는 것이 보인다며 이것도 잡으려 했다. 이 환자에게는 나중에 바이러스 뇌염이라는 진단이 내려졌다.

이같은 환각을 환시幻視라고 한다. 환시는 이처럼 뇌염과 같은 기질적 질환에서 잘 나타나고 정신분열병에서는 매우 드물다. 알코올 금단증상으로도 환시가 잘 나타난다. 이를 진전섬망delirium tremens이라고 하는데, 술을 끊고 24시간에서 7일 사이에 발생한다. 사람이 작게 보이는 것이 특징적이다. 자기 몸 위를 걸어가는 작은 생명체가 있다고 느끼기도 한다. 환자는 그들의 발걸음을 느끼며, 귓속에서 그들이 질러 대는 저속한 농담과 욕설을 듣는다. 진전섬망에서의 환각은 너무나 빨리 변하여 환자 본인이 자신의 경험을 설명하는 것이 쉽지 않다. 또 본드나 가솔린을 흡입했을 때 또는 메스칼린이나 LSD와 같은 마약에 중독되었을 때도 환시를 흔히 경험한다. 이 경우 환시의 내용은 다양하다. 섬광이나 색채로 나타나기도 하고, 완전한 사람이나 풍경이 보이기도 한다.

뇌종양, 간질, 치매, 편두통 등 다양한 질환에서도 환시가 나타날 수 있는데, 대부분 노인인 경우가 많고 대부분 시력이 심하게 떨어져 있다. 간질 환자의 경우에는 환시와 환청이 동시에 나타나기도 한다.

눈이나 시각 경로 어딘가에 손상을 입고 부분적으로 혹은 완전히 시력을 상실한 사람 중 일부는 아주 생생한 환시를 경험한다. 녹내장, 백내장, 황반변성, 당뇨망막병증 등과 같은 시각장애가 있는 환자의 10%에서 이러한 환시가 나타난다. 환시의 내용은 대부분 일상에서 경험하는 이미지이지만 현실에서 전혀 볼 수 없는 유령의 이미지일 수도 있다. 그런 이미지도 환자 자신들에게는 아주 사실적이다. 그러나 현실 상황에 전혀 맞지 않기 때문에 주위 사람들이 아니라고 설명해 주면 대부분 그것이 환각임을 알아차린다.

뇌 수술을 받으면서 시각피질(시각겉질)이 일부 손상되어 왼편 시야에 손바닥 두 개를 합친 정도의 암점暗點, blind spot이 생긴 환자가 있었다. 희한하게도 그의 암점은 만화로 채워졌다. 자신의 의지나 생각과는 전혀 관계없는 만화 장면들이 스쳐 가는데, 형태만 있고 움직임이나 명암은 없었다. 또 다른 환자는 교통사고로 눈을 다쳐 시야의 윗부분만 보이고, 코 아래 시야 전체가 보이지 않게 되었다. 그런데 아주 커다란 암점이 되어 버린 시야에 온갖 종류의 동물이 생생하게 나타났다. 너무 생생해서 자기 앞에 앉아 있는 사람이 원숭이를 안고 있는 것처럼 보였다.

편두통 환자들도 일부는 전조 증상으로 암점을 경험한다. 이 암점은 보통 주위 배경과 어우러진 이미지가 지각되지만, 주위 배경과는 전혀 다른 환시를 경험할 수도 있다. 몽환적인 화풍으로 초현실주의에 많은 영향을 미친 키리코는 편두통에 의한 심한 전조 증상에 시달렸다. 그는 이때 보이는 기하학적인 형상과 지그재그 모양, 눈부신 빛과 어둠을 그림에 담았다.

때때로 정신과적인 병이나 내과적인 병이 없는데도 환시가 나타날 수 있다. 미국인의 대략 30%가 천사를 봤다고 한다. 해질녘의 어두운 불빛과 색조 변화는 그런 환각을 유발하기 쉽다. 그러나 실제로 이런 경험을 하는 사람들은 미쳤다는 소리를 들을까봐 자신의 경험을 다른 사람들에게 말하지 않는다.

안과 질환이나 편두통이 있는 경우처럼 정신병 없이 발생하는 환시는 자신이 보는 영상이 진실이 아니라는 것을 알고 있는 상태기 때문에 진짜 환각이 아닌 가성 환각pseudo-hallucination으로 분류하기도 한다. 일반적으로 정신병이 없는 상태에서 환각을 경험하면 자신이 이러다가 미치지 않을까 걱정하지만, 정신병 환자는 자신이 경험하는 환각 자체에 대한 걱정이 없다.

냄새와 관련된 환각은 환후幻嗅라고 한다. 냄새에 대한 기억은 흔히 강력한 감정을 동반하기 때문에, 환후 또한 강한 감정적 요소를 띠고 있다. 환후는 정신분열병, 간질 등에서 나타난다. 냄새는 불쾌할 수도, 그렇지 않을 수도 있으나 보통 특별하고 자기 혼자만의 의미를 가지는 경우가 많다. 예를 들면 환자 본인만이 맡을 수 있는 독가스나 마취가스를 누군가가 자신의 집에 주입하고 있다는 망상과 연관되어 있을 수 있다. 어떤 환자는 자기 자신과 관련된 환후를 다음과 같이 호소했다. "내 몸에서 시체나 대변에서 나는 것과 같은 역겹고 참을 수 없는 냄새가 난다." 이 환자는 자신이 이런 악취를 풍기므로 사회에서 받아들여질 수 없다고 믿었다. 결국 그는 자살하였다. 환후 현상이 동반되지는 않더라도, 자신의 몸에서 악취가 난다고 믿는 망상은 정신분열병이나 이와 유사한 편집 상태에서 상당히 흔하다.

환후는 간질에서도 나타날 수 있다. 특히 관자엽 간질에서 경련 발작의 초기 증상으로 나타난다. 한 환자는 의식을 잃기 전에 늘 고무 타는 냄새가 난다고 했다.

정신분열병이나 우울증에서는 음식의 고유한 맛이 완전히 없어지거나 불쾌한 맛으로 변하기도 한다. 정신분열병에서는 누군가 독극물을 넣었다는 망상과 함께 나타나기도 한다. 이런 환각을 환미幻味라고 하는데, 이때 흔히 느끼는 맛은 양파 맛이나 금속 맛이지만 더 기이한 맛이 나타나기도 한다. 그러나 이러한 미각장애가 어떻게 일어나는지를 설명하는 것은 매우 어렵고, 이것이 환각인지 아닌지를 구분하는 것도 어렵다.

환미는 보통 환후와 같이 나타나는데, 두 가지를 구분하는 것이 어렵거나 불가능할 수도 있다. 사람들이 맛이라고 생각하는 것의 상당 부분이 실제로는 냄새이기 때문이다.

환촉幻觸은 피부감각에 대한 환각의 일종이다. 피부감각에 대한 환각 일반을 의미하고자 한다면, 환촉tactile hallucination이라는 말 대신 '신체감각의 환각hallucination of bodily sensation'이라는 용어를 사용하는 것이 좋다. "발바닥이 화끈거린다.", "가슴에 얼음이 닿는 것처럼 차갑다.", "몸이 흔들린다.", "죽은 부인이 내 손을 만진다.", "정액이 척추를 따라 뇌로 올라가서 뇌에서 종잇장처럼 퍼진다." 등등이 신체감각에 대한 환각의 예다. 마지막 두 가지는 분명한 환각이라고 말할 수 있지만, 다른 예는 그 자체가 환각이라고 말하기는 어렵다.

대상이 없는 지각을 환각이라고 정의하지만, 몸에서 느껴지는 감각에 대한 환각은 감각 자체만을 가지고 객관적으로 평가하는 것이 불가능하다. 누군가 지금 자기 손에 따끔따끔한 감각이 느껴진다고 할 때, 이것이 신경 질환 때문인지 그럴 만한 신경 질환이 전혀 없이 완전히 정신적으로 느끼는 것이지 감별할 수 없다. 또 누군가 자기 뱃속에서 뭔가가 쥐어뜯는 듯한 느낌이 있다고 할 때, 이것이 위장 질환 때문에 생긴 것인지 정신적인 것인지 알 수가 없다.

신체감각에 대한 환각을 확인하는 유일한 방법은 그 감각에 망상적 요소가 동반되는지 여부다. 망상이란 사실과 다르고, 설득되지 않는 믿음을 말한다. 배가 쥐어뜯는 듯하게 아플 때 뱃속에 바퀴벌레가 있어서 그런 증상이 나타난다고 생각한다면 그것은 망상에 의한 환각으로 생각할 수 있다. 또 어떤 사람이 몸이 흔들린다고 하면서, 죽은 아버지가 흔든다고 하면 환각이라고 할 수 있다. 이런 망상을 동반하는 신체감각의 환각은 정신분열병에서 흔하다. 어떤 환자는 병실의 연기 탐지기가 실제는 적외선 감지기라고 믿었는데, 자신의 목에서 적외선의 따뜻함을 느꼈기 때문이었다고 한다.

# 환각제

| LSD는 과거에 서구 일부 정신과에 서 치료 목적으로 이용되기도 한 환각제다. 윌킨슨<sup>G. Wilkinson</sup>이라 는 정신과 의사는 자신이 직접 LSD를 복용하고 경험한 내용을 1993년에 다음과 같은 글로 남겼다.

"묘사해 보기는 하겠지만 사실 너무나 어렵다. 내가 지각한 대 상인 문이나 탁자의 영상이 내가 되어 버렸다. 누군가가 방에서 나 간다면, 그들은 사라지는 것이고 더는 존재하지 않게 되어 버린다. 내가 그들을 지각했기 때문에 그들은 나의 일부가 되었고, 그들이 떠난다면 나는 그 일부를 상실하는 것이다. 무섭고 두려웠다.

그러한 경험이 절정에 다다르자 나는 감당할 수가 없어 눈을 감아 버렸다. 큰 실수였다. 모든 시각적 표상이 사라졌기 때문에 나 자신이 해체되어 내가 좁은 틈을 따라 기어 올라가고 있다고 느꼈다. 너무 놀라 다시 눈을 뜨고 말았다. 모든 것이 왜곡되고 뒤 섞여 보였으나 나도 다시 거기에 있었다.

정신분열병 환자가 다른 사람이 벽에 못을 박는 것을 보고, '못 이 내 머리에 박히고 있다.'고 말하는 것이 무엇인지 나는 처음으 로 깨달았다. 내 자아의 경계는 녹아 없어져 버렸다. 내가 벽이고 탁자고 주위의 모든 것이었으며, 나와 내 주위의 대상은 따로 떼 어 놓을 수 없었다. 주위 사물들이 영향을 받으면 나도 영향을 받 았다.

이 경험은 나에게 매우 의미가 있었다. 정신분열병의 증상을 몸소 체험함으로써 비로소 나는 이해할 수 있었다. 그리고 세상에 대한 일상적인 경험은 개개인에게 고유한 것이어서 다른 누구와도 공유하기 어렵다는 것도 깨달았다. 우리는 모두 사물을 비슷한 방식으로 본다고 생각하지만 나는 이 말이 사실이라고 믿지 않는다."

환각제란 환각을 유발하는 약물을 말한다. 이들은 중독성이 있어서 마약에 속한다. 메스칼린이나 대마<sup>大麻</sup>, 사랑을 불러일으킨다는 러브 드럭<sup>Love drug</sup>이나 엑스타시<sup>Ecstasy</sup>도 환각제다. 여러 환각제 중 환각 작용이 가장 강한 것이 LSD다. LSD는 복용 후 한두 시간 만에 효과가 최고치에 달해 시각, 청각, 촉각 등에서 환각이 나타난다.

LSD는 호밀에 생기는 곰팡이에서 분리된 물질로, 1943년에 스위스 산도스 제약회사의 화학자 호프만<sup>A. W. Hofmann</sup>이 발견했다. 그는 이 물질을 직접 복용하는 실험을 했다. 처음에는 전신이 아찔해지고 현기증 때문에 서 있을 수 없는 지경이 되어 소파에 누웠다. 모든 공간이 회전하고 낯익은 가구까지 흔들리는 듯했다. 눈을 감아도 만화경같이 계속 변하는 다채로운 환상이 선명하게 나타났다. 그는 곧 피로감에 잠들어 버렸지만, 다음 날 아침이 되자 몸에는 생기가 가득했고 정원에 나가 보니 모든 것이 반짝거려 마치 세계가 자기를 위해 재창조된 것처럼 느껴졌다. 그는 이와 같은 체험으로 LSD를 다량 투여하는 정신요법을 권장하기도 했다.

이후 LSD는 1960년대 히피 문화와 예술, 반전운동 등에 큰 영향을 주었다. 화가, 음악가, 작가 등 예술인들은 LSD를 감각을 예민하게 하여 창작 활동의 성과를 높이는 기적의 약으로 사용하였다. 이들은 이것을 '신나는 여행 Good Trip'이라 했다. 당시 유행한 비틀스의 'Lucy in the Sky with Diamonds'는 LSD를 의미한다고도 한다. 그리고 많은 정신과 의사들은 이것을 치료 목적으로도 이용했다. 그러나 치료 효과가 별로 없고 오히려 부작용과 중독 증상이 있다고 알려지면서 1966년 UN에서 마약으로 분류하고 사용을 통제했다. LSD가 금지되자 히피들은 조금 약한 환각제인 마리화나를 피우기 시작했다.

## 가성 환각

**알고도 느끼는 환각** | 가성 환각은 환각처럼 지각되지만 지각에 대응하는 외부 대상물이 없다는 것을 인식하는 경우를 말한다. 가성 환각도 환각처럼 윤곽이 뚜렷하고 세부까지 생생할 수 있고, 자신이 의도적으로 유발할 수는 없다. 그러나 환각처럼 객관적인 외부 공간에서 나타나는 것이 아니고, 주관적 내부 공간에서 '마치 사실인 것처럼' 경험한다.

가성 환각의 예로 '사별한 배우자의 환각'이 있다. 남편과 사별한 한 부인은 잠자리를 준비할 때 남편의 발자국 소리를 듣는다. 어떤 부인은 남편이 '사랑해'라고 말하는 목소리를 듣는다. 또 다른 여성은 담배를 피우며 소파에 앉아 있는 남편을 본다.

1970년대에 영국 웨일스 지방에서 남편이나 부인과 사별한 사람 약 300명을 조사한 연구에 의하면 이들 중 거의 절반이 혼자된 지 10년 이내에 죽은 배우자와 관련된 환각을 경험했다. 이는 죽은 배우자가 여전히 살아 있다는 느낌이 진짜처럼 여겨지지 않거나, 꿈과 구별이 안 되는 경우는 배제한 수치다. 환각이 잘 나타나는 상황도 조사했는데, 상류계급으로 생활이 안정되었을 때, 결혼 생활이 길었을 때, 부부 생활이 행복했을 때, 자식을 잘 양육했을 때에 환각이 더 잘 나타났고, 우울증과는 관계가 없었다. 이런 경험은 당사자를 괴롭히기보다는 오히려 편안하게 했다. 이들은 자신의 경험을 가까운 친구나 친척들에게는 말하지 않았다. 왜 말하지 않았느냐는 질문에 절반은 특별한 이유가 없었다고 했고, 일부는 자신이 바보처럼 놀림 받을 것이 싫었다고 했다. 이들을 면담한 연구자들은 이들이 경험한 환각이 정상적인 현상이며, 배우자 사별 후의 생활에 도움이 된다고 결론지었다.

## 임사체험

**죽음을 경험하다** | 임사체험 臨死體驗은 임박한 죽음에 대한 경험을 말한다. 갑작스런 사고를 당하거나 번개를 맞아서 모두 죽었다고 생각한 사람이 다시 살아난 경우 임사체험을 겪었다고 자주 보고된다. 최근에는 응급 의료 체계가 발달하면서 죽음에 임박한 사람이 살아나는 경우가 많기 때문에 임사체험이 점점 증가하고 있다.

임사체험은 모든 문화와 사회에서 오래전부터 나타나는 현상이며, 이들의 체험에는 비슷한 특징이 여러 가지 있다. 따라서 이를 단순한 공상으로 치부하기는 어렵다. 이들은 일반적으로 유체이탈을 경험하며 터널을 지나 빛이 쏟아지는 곳으로 이동하면서 기쁨이나 환희를 느낀다.

유체이탈을 체외유리라고도 하는데, 이는 자신이 자신의 몸 밖에 나와 있는 경험이다. 보통 2~3m 정도의 높이에서 자신을 내려다본다. 이때 주위의 방이나 공간, 가까이 있는 사람과 사물도 분명히 보이는데 모두 공중에서 내려다보는 것처럼 보인다. 대부분은 꿈이나 환각이 아니라 극히 생생한 현실처럼 느껴진다. 느낌은 마치 공중을 '떠다니거나' '날아다니는' 것 같다고 하는 경우가 많다. 체외유리 경험은 두려움이나 기쁨을 안겨 주기도 하고 세상에서 떨어져 나온 듯한 고립된 느낌도 준다.

자기가 자기 모습을 보는 현상을 자기 환영<sup>autoscopy</sup>이라고 하는데, 이는 임사체험에서뿐만 아니라 정신분열병, 간질(특히 관자엽 간질), 마루엽 병변과 같은 상태에서도 나타난다. 체외유리 경험을 할 때 겪는 독특한 시공간감각과 평형감각이 모두 대뇌피질의 기능 손상, 특히 관자엽과 마루엽이 맞닿는 부위의 손상과 관련된다는 연구가 있다.

임사체험 당시 몸에서 빠져 나온 의식은 번쩍이는 빛 때로는 굴을 보고, 삶이나 시공간을 초월한 미지의 어느 곳으로 끌려간다. 이때 느끼는 감정은 대부분 황홀경이나 충만한 기쁨이다. 자기 인생을 파노라마처럼 마지막으로 둘러보며 세속적인 삶의 시공간에 안녕을 고하고, 점차 속도가 빨라지면서 목적지로 빨려 들어간다. 우주물리학자들이 말하는, 영원히 탈출할 수 없고 시간이 정지한 블랙홀에 빠지는 느낌이 이럴 것 같다.

임사체험을 설명하기 위한 과학적인 틀은 아직 없지만 두 가지 설명이 있다. 하나는 뇌에 산소가 결핍되면서 뇌세포가 죽어서 나타나는 뇌 기능의 변화라는 설명이고, 다른 하나는 죽음을 앞둔 심리학적인 반응이라는 설명이다. 죽음에 임박한 사람이 다 임사체험을 하는 것은 아니다. 연구자마다 다양해서 4%라는 연구 결과도 있고, 85%라는 연구 결과도 있다. 2001년 네덜란드에서 심장마비 후 살아난 사람들을 연구한 바에 따르면 임사체험의 빈도는 18%였다. 임사체험을 한 사람들과 하지 않은 사람들을 비교한 바에 따르면, 나이, 성별, 인종, 종교 등은 큰 차이가 없었다. 정신건강에서도 별다른 차이가 없었다. 임사체험을 하는 사람들 대부분은 정신적으로 건강하다. 그러나 임사체험을 직접 경험해 본 사람은 좀처럼 이를 잊기 어려우며, 이후 종교를 갖거나 정신세계가 변하여 삶의 목표를 재설정하는 경우가 많다.

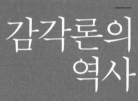

3

# 감각론의
# 역사

오늘날 발전하는 과학은 우리의 일상적인 감각 경험을 뛰어넘는
다. 20세기 양자물리학의 문을 연 막스 플랑크<sup>M. Planck</sup>는 다음과
같이 말했다. "현대 과학은 오랫동안 우리가 감각하는 세상과는
다른 실제가 존재한다고 가르친 그 믿음이 옳다는 것을 강조한
다."

　우리가 생활하는 환경은 삼차원적인 세계이고, 감각기관의 작
용도 삼차원적 세계에 적응되어 있다. 그런데 지난 20세기에 얻어
진 대부분의 과학적 결과들은 우리 감각이 직접 경험하여 얻어진
것이 아니라 우리 감각을 초월하는 수학적 추론이나 관측기기들
을 통해서 얻어졌다. 수많은 증거가 상대성이론이나 양자물리학
이 옳다는 것을 증명하지만, 우리의 감각적 직관은 아직 그것을
받아들이지 못한다.

감각은 고대부터 철학자와 과학자 들이 밝히고자 한 주제 중의 하나이지만 아직도 해결되지 못한 문제다. 멀리 떨어져 있을 때는 둥글게 보이던 사물이 가까이 가 보니 사각형인 경우를 많이 경험한다. 감각은 이렇게 일관성이 없기 때문에 데카르트는 감각을 합리적인 정신의 작용을 방해하는 오류의 근원으로 봤다. 가장 확실한 것에서부터 학문의 체계를 세우고자 한 그에게 가장 확실한 것은 '생각하는 나'였다. 그러나 그는 "생각하는 것으로서 나란 무엇인가?"라는 물음에 대해서는 "그것은 의심하고, 통찰하고… 감각하는 것이다."라고 했다. 물질 실체와 전혀 다른 정신 실체로서 '내'가 하는 최소한의 활동이 '감각함'이라는 것인데, 그러면 그가 물질이라고 생각한 신체 없이 감각이란 정신 활동이 가능할까?

## 고대 그리스 시대

감각은 인식의 토대인가, 아닌가? | 다음은 20세기의 물리학자 슈뢰딩거E. Schrödinger가 고대 그리스 철학자 한 사람을 극찬한 내용이다.

"현상에 대한 직접적인 감각적 지각은 그 현상의 본질에 대해서는 아무것도 말해 주는 바가 없으며, 따라서 애당초 정보의 원천으로서 자격을 갖지 못한다. 그러나 결국 우리가 얻게 되는 일련의 정보들은 감각적 지각에 전적으로 의존하고 있다. 그런데 기원전 5세기의 한 위대한 사상가는 이미 이런 문제를 명확하게 인식하고 있었다. 아무런 측정도구도 없던 그가 이런 인식에 도달했다는 것을 알게 되었을 때 나는 놀랄 수밖에 없었다."

그 사상가는 데모크리토스(기원전 460?~기원전 370?)다. 그는 인식과 감각의 관계에 대한 이론을 처음으로 체계적으로 설명한 사람이라고 평가된다. 데모크리토스 하면 떠오르는 것은 원자론인데, 그의 감각 이론도 원자론에서 출발한다. 그는 이성이나 감각을 통한 인식은 영혼 원자가 외부 원자와 접촉해서 나타나는 영혼 원자의 변화라고 생각했다. 데모크리토스의 이론은 고대 그리스인들이 감각을 수동적인 것이 아니라 안에서 밖으로 향한 능동적인 작용으로 설명한 것과 같은 맥락에 있다.

그는 감각에는 시각, 청각, 후각, 미각, 촉각이 속한다고 했는데, 특이하게도 직감도 감각에 포함시켰다. 그의 감각론은 다음 네 가지로 요약할 수 있다. 첫째, 모든 감각 지각은 물리적 접촉에 의해서 발생한다. 둘째, 물리적 접촉은 외부의 대상에서 빠져나온 원자들이 인간의 감각기관에 부딪쳐서 발생한다. 셋째, 이 충돌로 주관의 몸에서 변화가 일어나 해당하는 감각 지각이 발생한다. 넷째, 따라서 감각 지각은 주관적이며, 우리가 지각하는 대상 자체에는 이와 비슷한 속성이 없다. 이는 현대 감각론을 요약한 것과 별 다를 바 없다.

데모크리토스는 모든 맛이 특정한 형태에서 비롯된다고 했다. 단맛은 둥글고 큰 것, 떫은맛은 크고 거칠고 둥글지 않은 다각형인 것, 신맛은 뾰족하고 각이 있고 비틀어져 있고 둥글지 않은 것, 매운 맛은 잘고 둥근 각이 있고 비틀어져 있는 것, 쓴맛은 둥글고 매끈하고 약간 휘어 있고 작은 것, 기름진 맛은 둥글고 작은 것에서 생긴다고 했다. 그리고 맛에는 대상의 원자들뿐만 아니라 원자들과 접촉하는 혀나 입 안의 감각기관 상태도 결정적 영향을 미치기 때문에 우리에게는 달콤한 것이 다른 생물에게는 쓰게 느껴질 수 있다고 했다.

데모크리토스는 온도감각에 대해 설명하기를, 차가움과 따뜻함은 대상 자체의 속성이 아니라 주관적인 감각 지각일 뿐이며, 우리 몸과 만나는 원자에서부터 전달된다고 했다. 후각과 관련해서는 대상에서 나오는 섬세한 유출물이 후각기관과 접촉하여 냄새를 만들어 낸다고 했다. 청각에 대해서는 음향은 음원에서 전달되는 물질적 원자로 구성되어 있고 공기가 음향을 모든 방향으로 확산시켜 준다고 했다.

시각에 대해서는 영상에 기초하여 설명하였다. 눈이 어떤 물체를 볼 때, 눈과 물체 양쪽에서 유출물이 나오기 때문에 둘 사이의 공기가 압축되어 공기에 자국이 생긴다. 그러면 색깔이 달라진 딱딱한 공기가 축축한 눈에 상으로 나타난다고 했다.

데모크리토스는 인식에는 감각을 통한 인식과 사고를 통한 인식이 있다고 했다. 그에 따르면, 사고 혹은 이성을 통한 인식은 진리를 판단하는 데 신뢰성을 보증해 주기 때문에 진정한 인식이고, 감각을 통한 인식은 부차적인 인식이지만, 이성적 인식은 감각적 자료에 의지할 수밖에 없다. 그는 인식과 감각의 관계를 다음과 같이 표현했다. "가련한 지성이여, 너는 우리(감각적 지각)에게서 증거를 얻었으면서도 우리를 내팽개치려고 하는가? 우리를 내팽 개치면 너 자신도 몰락할 것이다."

플라톤(기원전 428?~기원전 348?)은 세계를 이데아의 세계와 감 각의 세계로 이분했다. 그는 이데아의 세계, 즉 이성을 우위에 놓 고 인간의 감각적이고 감정적인 측면을 통제하고자 했다.

플라톤은 〈테아이테토스〉에서 감각을 영혼의 기관이라고 했 다. 여기서 감각은 영혼을 위한 도구가 된다. 그는 감각을 분류하 고 다음과 같이 감각의 독립성을 강조했다. "그대는 하나의 기관 으로 지각한 것을 다른 기관으로 지각할 수 없다는 것, 가령 시각 으로 지각한 것을 청각으로 지각할 수 없고, 청각으로 지각한 것 을 시각으로 지각할 수 없다는 것을 아느뇨?"

〈티마이오스〉에서는 감각을 미각, 후각, 청각, 시각 등으로 분 류했다. 여기서 촉각과 같은 피부감각은 특정한 감각기관이 없기 때문에 독립된 감각으로 간주되지 않았다. 그리고 이런 감각 중 시각을 가장 중요한 것으로 봤다. "신들은 기관 가운데서도 빛을 전달하는 눈을 가장 먼저 만들어서는 다음과 같은 이유로 고정시 켜 놓았습니다. 신은 시각을 고안해서 우리에게 주었는데, 이는 우리가 하늘에 있는 지성의 회전들을 보고서 이것들을 우리 쪽의 사고의 회전들을 위해 이용할 수 있게 하기 위해서라고 말씀입니다." 플라톤이 이처럼 시각을 여러 감각 중 가장 우위에 놓은 것은 당시 고대 그리스의 조각이나 그림 등 시각을 중요시하는 전통과 일맥상통한다.

한편 플라톤과 같은 시대를 살면서 인체를 연구한 히포크라테스는 감각에 대한 특별한 이론을 내놓지는 않았고, 단지 인간의 지능과 감정은 뇌의 기능이라고 하여 뇌의 중요성을 강조했다.

그리스 시대에 감각에 대해 본격적으로 연구한 사람은 아리스토텔레스(기원전 384~기원전 322)였다. 오감五感이라는 개념이 보편화된 것도 아리스토텔레스 이후다. 그도 플라톤과 마찬가지로 감각기관을 영혼의 기관으로 간주했지만, 감각이 인식의 토대가 된다고 생각한 점이 플라톤과는 다르다. 플라톤에게 감각이란 단지 이성이 본래의 작용을 하도록 자극하는 것 정도에 불과했다.

아리스토텔레스가 말하는 감각aesthesis은 오늘날의 표현으로 하면 감각-지각sense-perception인데, 그는 감각을 고유감각, 공통감각, 부수적 감각 등 세 가지로 나누었다. 그가 말하는 고유감각은 현대적인 의미의 평형감각의 일종인 고유감각이 아니고, 시각, 청각, 후각, 미각, 촉각 등 다섯 가지 기본적인 특정 감각을 말한다. 공통감각은 이들 감각이 결합해서 발생하고, 부수적 감각은 판단과 추론을 통하여 현재 감각하는 대상이 무엇인지를 파악하는 감각이다. 그에 따르면 고유감각은 항상 외부의 감각 대상과 동일할 때만 가능하기 때문에 오류가 없지만, 나머지 두 감각은 고유감각을 통해 경험된 것들을 분류하고 결합하는 과정에서 나타나기 때문에 오류가 발생할 수 있다.

고유감각과 관련된 감각기관은 눈, 귀, 코, 혀, 피부 등 다섯 가지를 말하는 것으로 보인다. 그는 감각기관을 분석하여 근시와 원시를 구별하고, 근시의 특징과 원인을 연구하기도 했다. 그러나 공통감각이나 부수적 감각을 담당하는 인체 기관은 모호하다. 아리스토텔레스는 심장이 지능이나 영혼의 능력을 행한다고 믿었다. 그는 신경의 존재를 몰랐으므로 눈과 귀는 혈관에 연결되어 인지한 내용을 심장에 전달한다고 생각했고, 뇌는 심장의 열기를 식히는 커다란 냉각장치로 생각했다.

아리스토텔레스가 말한 공통감각common sense은 여러 감각을 통합하는 능력을 의미하였으나 로마에서 키케로의 해석을 거치면서 사회적인 상식, 즉 사회에서 사람들이 공통common으로 지니고 있는 정상적인 판단력sense이라는 의미를 가지게 되었다. 이후 common sense라는 용어는 18세기 영국에서 '상식'이라는 의미로 의식적으로 사용되기 시작하면서 널리 일반화되었고, 오늘날에는 오직 '상식'이라는 의미로만 이해되고 있다.


# 로마와 중세 시대

영혼이 머무는 공간, 뇌 | 로마 시대의 뛰어난 해부학자이자 의사였던 갈레노스(129~199)는 근육 속에 있는 희끄무레한 줄, 즉

신경을 발견했고, 인간의 지성이 머리의 빈 공간에 거주한다고 믿었다. 그런데 지성은 태양, 달, 별들도 가지고 있었고 더 뛰어난 지성은 하늘의 별에 있었기 때문에, 인간의 뇌는 넓은 바다에 존재하는 영혼의 정기를 인체의 신경에 전달하는 단순한 펌프에 불과했다. 뇌와 지성의 관계에 대한 이러한 그의 생각은 중세 시대에까지 계속 영향을 미쳤다.

중세 유럽은 신앙의 시대로, 정신이 추구해야 할 유일한 목표는 신에 대한 인식이었고, 감각과 지각은 극복의 대상이었다. 초기 기독교 전통을 확립한 아우구스티누스는 영혼이 감각기관의 즐거움에 굴복하여 속는 것을 경계하였다. 특히 시각은 관능적인 욕망과 쉽게 결부되는 것으로 여겼기 때문에 의식적으로 부정되었다. 스페인의 한 성자는 다섯 걸음 안에 있는 것만 눈으로 보고 그 바깥에 있는 사물을 바라봐서는 안 된다고도 했다. 반면에 교회의 권위는 하느님의 말씀에 기반을 두고 있었고, 신앙이란 듣는 것이라고 생각했기 때문에 청각은 중요시되었다. 루터는 귀야말로 유일한 기독교의 기관器官이라고 했다. 당시 사람들은 갈레노스의 이론에 따라 영혼은 머리의 텅 빈 뇌실에 존재하며, 몸이 죽어 썩을지라도 영혼은 사라지지 않는다고 믿었다. 뇌실(뇌 안에 뇌척수액이 있는 공간)은 물로 채워진 빈 공간이어서 영혼이 머물기 적당한 장소로 본 것이다.

# 르네상스와 근대

**정신과 육체의 이중적 존재, 뇌** | 12세기에는 유럽에 대학이 생겨나면서 고대 의학의 지적 전통이 되살아나고, 신체 해부가 공개적으로 이루어지기 시작했다. 14~16세기 르네상스 시대에는 다빈치가 사체를 해부하여 그림으로 그렸고, 베살리우스는 직접 사체를 해부해서 그 결과를 《인체의 구조》(1543)라는 책으로 남겼다. 1543년은 코페르니쿠스의 《천체의 회전에 대하여》가 출간된 해이기도 하다. 베살리우스의 책이 의학에 미친 영향은 코페르니쿠스의 책이 과학계에 미친 영향에 비교된다. 이후 인체에 대한 연구는 사변적인 데서 벗어나, 해부학적인 근거를 바탕으로 한다.

근대 철학의 아버지라 불리는 데카르트가 살았던 유럽의 17세기는 근대 과학혁명이 진행되던 시기였고, 데카르트 자신도 그 주역 가운데 한 사람이었다. 그는 세계가 정신과 물질이라는 두 가지 실체로 이루어져 있다고 생각했다. 여기서 실체란 다른 어떤 것에 의존하지 않고 스스로 존재할 수 있는 대상을 말한다. 물질은 연장성extension, 즉 공간을 점유한다는 특징이 그 본질이고, 정신은 사유를 그 본질적 속성으로 한다. 그에 따르면 정신과 물질은 서로 배타적으로 구분되는 실체이며, 연장성을 그 본질로 하는 물질적 실체는 사유할 수 없으며, 사유를 그 본질로 하는 정신은 공간을 점유하지 않는다. 그에 따르면 영혼은 물질인 뇌가 없이도 생각할 수 있다.

데카르트는 정신 활동이 어떻게 육체를 통해서 작용하게 되는

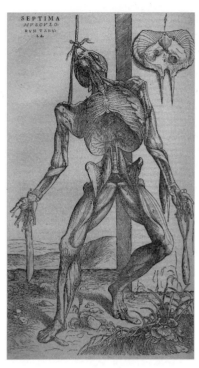

| 그림 3-1 | 베살리우스는 《인체의 구조》에 세밀하고 다양한 인체 해부도를 실었다.

지를 알고자 동물을 해부하여 뇌를 연구했다. 그가 발견한 것은 뇌의 한가운데 있는 송과체(솔방울샘)pineal gland였는데, 영혼이 이곳에 작용하여 인체를 움직인다고 생각했다. 데카르트가 정신을 독립적으로 존재하는 실체라고 한 것은 영혼에 대한 기독교적 전통을 반영하는 것이었지만, 그의 뇌 연구는 다음 세대 자연철학자들이 뇌와 신경을 연구하도록 문을 열어 주었다.

# 신경학의 탄생

정신의 발생지, 뇌를 파악하다 | 17세기 영국에서는 토머스 윌리
스가 뇌에 대한 해부학적 연구를 통해 인간 정신의 비밀 장소를 열
어 보고자 했다. 1664년에는 《뇌와 신경의 해부학》이라는 책을 출
간했고, 자신의 연구 결과를 라틴어로 neurologie(신경학)라고 했
다. 신경학이란 새로운 학문이 탄생한 것이다. 그의 신경학 연구는
로버트 보일과 같은 화학자들이 뇌가 흐물흐물해지지 않고 삶은
달걀처럼 오랫동안 본래의 모습을 유지할 수 있는 방법을 개발했
기 때문에 가능했다. 그는 이성적 영혼은 자력으로 외부 세계를 지
각할 수 없으며, 감각적 영혼이 병들면 이성적 영혼도 병이 든다고
했다. 윌리스의 책은 첫 해에만 4판이 인쇄되었고, 얼마 안 있어
유럽에서 뇌를 연구하는 사람들에게는 필독서가 되었다.

윌리스에게 의학을 배운 존 로크는 이렇게 말했다. "뇌는 감각
과 운동의 원천이고, 생각과 기억의 저장소이기도 하다. 그러나
보잘것없어 보이는 단순한 덩어리에 불과한 뇌가 어떻게 그토록
숭고한 목적에 공헌하는지에 대해서는 도무지 알 수가 없고, 뇌의
특성이나 구조가 그토록 중요한 역할을 한다고 할 수는 없다." 이
는 오직 관찰 가능한 사실만을 근거로 사고하고자 한 철학자 로크
가 당시 뇌 연구에 대해 내린 평가다.

로크와 그 이후의 버클리, 흄 등 영국 경험론 철학자들은 세계
에 대한 지식은 오직 경험에 의해서 얻어진다고 했다. 이때 경험
은 감각적 경험이다. 로크는 1690년 《인간 오성론》에서 다음과 같

은 사례를 들어 감각을 논했다. "태어날 때부터 장님이던 사람이 있다고 해 보자. 그 사람은 촉각으로 정육면체와 구체球體를 구분할 줄 알았다. 그런데 그 장님이 앞을 볼 수 있게 되었을 때, 만지지 않고 단지 시각을 통해서 어느 것이 정육면체이고, 구체인지 구분할 수 있을까? 나는 그 사람이 눈으로만 봐서는 첫눈에 어느 것이 구체이며, 어느 것이 정육면체인지 확실하게 구분할 수 없으리라고 생각한다. 비록 촉각을 통해서는 구분할 수 있을지 몰라도." 최근에 개안 수술이 가능해지면서 로크의 예측이 맞는 것으로 입증되었다.

윌리스나 로크가 활동하던 17세기는 이미 근대 과학혁명을 거친 시기였다. 근대 과학혁명을 이끈 동력 중 하나는 맨눈으로 볼 수 없는 것을 보려는 노력이었다. 갈릴레이는 망원경을 이용하여 관찰한 천체를 시각적 이미지로 보여 주는 것만으로도 근대 과학의 문을 열 수 있었다. 그리고 1660년대에는 레이우엔훅A. V. Leeunwenhoek에 의해서 현미경이 만들어져 미시 세계에 대한 연구도 시작되었다. 17세기에 사람들은 중세 청각의 세계에서 시각의 세계로 완전히 들어섰고, 소위 눈을 뜨게 되었다. 이때 만들어진 용어가 '백문이 불여일견 seeing is believing'이다. 1639년에 클라크J. Clarke가 출간한 《영어와 라틴어 숙어》에 이미 위 숙어가 등장한다.

당시에는 빛 자체에 대한 과학적 연구 성과가 나타나면서 인간의 지각 체계에 대한 인식도 진보하였다. 아이작 뉴턴은 《광학》(1704)이라는 책에서 색감이란 인간의 지각 체계에서 창조된 것이

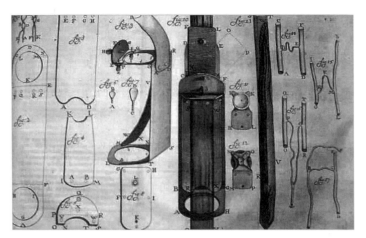

| 그림 3-2 | 레이우엔훅은 최초로 현미경을 제작하였다.

라고 했다.

"정확하게 말하자면 광선은 색이 없다. 그 안에는 이 색 혹은 저 색이라는 감각을 불러일으킬 어떤 힘이나 경향이 있을 뿐이다. 그래서 물체의 색이라는 것은 다른 어떤 광선보다 특정한 광선을 더 많이 반사한다는 경향일 뿐이다."

1796년에는 《정신의 기관에 대하여》라는 책이 출간된다. 독일의 해부학자인 죄머링S. T. Sömmering이 인간과 동물의 뇌 수백 개를 해부해서 연구한 결과물이었다. 그는 뇌가 육체와 정신을 연결한다고 했다. 구체적으로 정신은 액체를 통해 육체에 영향을 미치는데, 그 공간이 뇌 안에서 액체로 차 있는 뇌실이라고 했다. 이 책은 당시 철학자와 의사 들에게 명성을 얻었으나 비판도 많이 받았다. 칸트는 '정신의 발생지' 라는 개념을 쓰지 말라고 했다. '정신의 발생지' 라는 개념이 정신에 현실적인 공간이 있는 것 같아 보이기 때문이었다. 괴테도 해부생리학적 연구 결과로 철학적인 문제를 해결하고자 하는 것에 대해 거부감을 표시했다.

18세기의 신경학은 뇌와 정신의 관계를 명확히 설명하지는 못했지만 많은 발전이 있었고, 19세기 초반이 되면서 육안으로 보는 뇌의 모양은 거의 밝혀졌다. 당시의 신경학적 발견을 다음과 같이 요약할 수 있다. 첫째, 뇌 손상은 감각, 운동, 사고 등에 이상을 초래하고, 뇌 손상으로 죽음에 이를 수 있다. 둘째, 뇌는 신체 각 부위와 신경으로 연결되어 있다. 셋째, 뇌는 국소적으로 부위마다 서로 다르며 이들은 서로 다른 기능을 수행하리라 추정된다.

## 뇌 과학과 심리학의 발전
인간의 정신을 실험실로 보내다 | 19세기에 들어서면서 뇌의 국소적인 기능에 대한 연구가 활발해진다. 시초는 골상학으로, 대표적인 학자는 갈F. J. Gall이다. 골상학이란 사람의 성격이나 성향이 뇌의 특정 부위의 기능에 의해 나타나며, 그 결과 머리뼈의 모양이 달라진다는 학설이다. 그는 뇌가 정신의 발생지이며, 뇌에는 각 기능에 따라 여러 개의 기관이 있다고 했다. 또 그는 정신을 여러 가지 기능에 따라 구분하고, 이 각각의 기능을 수행하는 뇌의 기관을 지정해 주었다. 그리고 뇌의 모양은 머리뼈의 모양과 일치

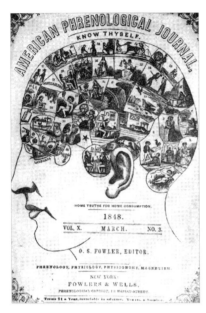

│그림 3-3│ 1848년에 간행된 미국 골상학 저널.

하기 때문에 머리뼈의 모양을 보고 그 사람의 성향이나 성격을 판단할 수 있다고 했다.

그의 이론은 유럽뿐만 아니라 미국에서도 선풍적인 인기를 끌었고, 학자들 사이에서는 머리뼈 수집 열풍이 일었다. 1809년에 음악가 하이든의 시신을 확인하기 위해 관을 꺼냈을 때 시신에는 머리가 없었고, 모차르트의 머리뼈 역시 끔찍한 운명을 겪었다.

당시 갈의 이론에 대한 반발도 많았다. 종교계는 정신에 대한 유물론적인 연구 자체에 대해서 반발했다. 정신에 대한 연구는 신학이나 철학의 분야이지, 결코 의학이나 생리학의 분야가 아니라는 것이다. 철학자 헤겔은 다음과 같은 비유로 갈의 이론을 비판했다. "사람들은 어떤 이웃이 지나가거나 돼지고기를 먹으면 비가 온다는 사실을 경험할 수 있다. 비와 이웃 혹은 돼지고기의 관계는 정신과 머리뼈의 관계처럼 필연적인 관계가 아니다." 헤겔의 지적대로 이후 갈의 이론은 근거가 없는 것으로 폐기되었다.

헤겔부터 철학은 자연과학과 분리되기 시작했고, 19세기 중반 독일의 분트<sup>W. Wundt</sup>가 인간의 정신을 실험실로 가져옴으로써 '심리학'도 철학에서 분리된다. 이제 인간의 마음, 의식, 정신 등이 과학적으로 탐구되기 시작했고, 감각과 지각은 개념적으로 분리되었다. 이전에는 감각과 지각이 구별 없이 혼용되었지만 1890년에 제임스<sup>W. James</sup>는 "요즈음에는 감각에 제시되는 특정한 사물에 대한 의식을 지각이라 부른다."라고 했다.

현대 신경학은 1860년대 프랑스의 브로카<sup>P. Broca</sup>에 의해서 시작된다. 그는 환자 사례를 통해 왼쪽 아래이마이랑이 손상되면 말을 하지 못한다는 사실을 밝혔다. 왼쪽 아래이마이랑은 나중에 그의 이름을 따 브로카 영역(베르니케 영역과 함께 언어중추를 구성한다.)이라고 불린다. 이로써 뇌의 특정 영역이 특정한 정신 기능을 수행한다는 것이 분명해졌다. 이후 뇌에 대한 대대적인 연구로 정신적인 기능이 뇌에서 그에 상응하는 영역, 즉 물질적 대상을 가지고 있다는 것이 확실해졌다. 이 이론은 오늘날 신경학의 기본 토대다.

1920년대에는 인간 뇌에서 뇌파가 기록되기 시작하면서 뇌의 전기적 현상을 이해할 수 있게 되었고, 1960년대에는 신경세포 간의 신호 전달 물질이 발견되면서 정신 질환을 약물로 치료할 수 있는 길이 열렸으며, 1970년대부터 신경에 관련된 유전자 구조가 규명되면서 뇌에 대한 이해가 한층 넓어졌다. 1980년대 이후 뇌 과학은 새로운 전기를 맞는데, 양전자방출 단층촬영술PET과 기능적 자기공명 촬영술fMRI 등 방사선의학의 발달로 살아 있는 뇌 기능을 영상으로 직접 볼 수 있게 되었다.

## 현대 감각론

**감각이란 비밀의 실타래를 풀다** | 감각신경 하나를 자극하면 촉각, 시각, 청각 등의 한 가지 감각만이 생성된다. 즉 특정 감각은 특정 감각기관이 흥분하였을 때 생성되며 특정 감각기관을 흥분시키는 데는 이에 알맞은 특정 자극이 있어야 한다. 물론 여러 종류의 자극이 하나의 감각수용체를 활성화할 수 있지만 적합 자극은 가장 적은 에너지로 수용체를 활성화한다. 예를 들면 망막에 필요한 적합 자극은 빛으로서 하나의 광자만으로도 효과를 나타낼 수 있지만, 기계적인 힘으로 망막을 자극하려면 살짝 손을 대는 정도로는 안 되고 주먹을 날려야 한다. 그래야 섬광과 같은 자극이 비로소 만들어진다.

특정 감각은 특정 자극에 의해서 발생하는 위 현상을 특수 신경 에너지 법칙이라고 하는데, 독일의 뮐러J. P. Müller가 확립하였다. 이 법칙은 오늘날 감각을 연구하는 기본 토대가 된다. 이러한 사상을 기초로 한 20세기의 감각 연구는 많은 노벨상 수상자를 배출하였다. 1911년에는 눈에서 생기는 빛의 굴절에 대한 연구, 1914년에는 전정기관 연구, 1961년에는 달팽이관 연구, 1967년에는 망막의 감각 작용 연구, 1981년에는 눈을 통해 들어온 시각 정보가 뇌에서 분석되는 과정 연구 등이 노벨상을 수상하였다. 2004년 노벨상을 수상한 벅<sup>L. B. Buck</sup>과 액셀<sup>R. Axel</sup>은 인간의 감각 가운데 가장 오랫동안 수수께끼로 남아 있던 후각의 비밀을 풀었다. 이로써 인간은 대부분의 감각 작용을 이해할 수 있게 되었다.

여러 감각 기능 중 각 시대마다 중요시되는 감각이 있었다. 고대 그리스 시대에는 시각이 중요시되었고, 중세 시대에는 청각이 중요시되다가 근대 과학혁명을 계기로 다시 시각이 중요시되었다. 이는 오늘날에도 마찬가지다. 모든 감각 작용이 시각적 입장에서 재해석된다. 이는 시각이 가장 이성적인 사고를 가능하게 하기 때문이고, 이러한 경향은 개인의 공간적 영역과 경계가 존중되어야 하는 개인주의 시대에도 부합한다. 20세기에 들어서는 일부 철학자들 사이에서 특정 감각을 넘어선 근원적인 감각으로서 촉감을 중요시하는 경향이 나타나지만 일반적으로 시각이 여전히 중요시된다.

평가절하되는 감각도 있다. 후각이 대표적이다. 이는 18, 19세기에 벌어진 감각에 대한 재평가 작업과 관련이 있다. 이 시기 철학자들과 과학자들은 이성과 문명을 주도하는 감각은 시각이며,

이와 반대로 후각은 하등동물에서 발달한 감각이라고 생각했다. 따라서 냄새의 중요성을 강조하는 사람들은 진화가 덜 된 야만인이나 변태 등으로 비난을 받았다. 그러나 생명체의 감각은 따로 떨어져 작용하지 않는다. 눈을 감고 음악을 들을 때에도 시각 이미지로 상상을 하며, 소리의 압력은 피부를 통해서도 전달된다. 감각을 분류하는 것은 감각을 이해하기 위한 방편일 뿐이다.

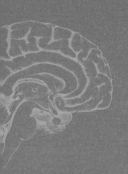

4

# 감각의
# 진화

현 우주는 150억 년 전 대폭발(빅뱅)로 만들어졌다. 이때가 시간과 공간이 시작된 시점이다. 이러한 발견은 20세기 과학이 이루어 낸 성과다. 2003년에는 우주의 온도를 측정한 결과 우주 나이가 137억 년으로 수정되었다. 나이가 변경된 것은 연구가 정교해진 결과이다. 빅뱅 이후 대략 100억 년이 지나 은하계에서 지구가 만들어진다. 이것이 46억 년 전이다. 지구 암석의 나이로 추정한 수치다.

생물이 자기와 유사한 존재를 스스로 생산할 수 있는 것은 세포라는 구조 때문이다. 따라서 생명의 기본 구조는 세포라고 할 수 있다. 지구에 최초의 세포가 등장한 것은 38억 년 전이다. 최초의 세포는 세포 전체에 DNA가 불규칙하게 분산되어 있었지만 이후 11~23억 년이 흐르면서 DNA만 따로 존재하는 세포핵을 가진 세포가 나타난다. 전자가 원핵세포이고, 후자가 진핵세포다. 진핵생물의 최초 생화학적 증거는 27억 년 전의 암석에서 발견되었고, 화석의 증거는 15억 년 전의 암석에서 발견되었다. 27억 년과 15억 년은 큰 차이인데, 이렇게 차이가 나는 원인은 앞으로 규명될 것이다.

# 태초의 감각

**생존 본능을 사수하라** | 생물이 자신과 동일한 개체를 만드는 자기 복제는 자손을 생산하는 것뿐만 아니라 자신의 몸을 구성하는 세포를 만드는 것까지 포함한다. 이를 위해서는 스스로 에너지를 생산할 수 있어야 한다. 또 외부에서 에너지를 얻어 생존해야 하며 외부에서 오는 위험을 피해야 한다. 이때 생명체가 외부 세계와 접촉하는 것이 필수적이다. 가장 쉽게 상상해 볼 수 있는 접촉은 세포막을 통한 직접적인 접촉이다. 이를 촉각이라고 할 수 있다.

두 생명체가 경쟁 관계에 있을 때 한쪽이 다가와 건드릴 때까지 상대방을 감지하지 못한다면 그 생명체는 경쟁에 불리할 것이다. 따라서 공간적으로 떨어진 대상을 먼저 감지한 생명체가 더 많이 살아남았을 것이다. 이를 위한 감각이 미각 혹은 후각이다.

그런데 촉각, 미각, 후각이라는 개념은 인간의 감각을 설명하기 위한 것으로 초기 생명체들에서는 굳이 구별할 필요가 없다. 어쨌든 최초의 감각은 아직 뭐라 분류할 수 없는 촉각, 미각, 후각 등의 혼합이었다.

최초의 진핵생물은 원생생물이다. 원생생물을 의미하는 protist 라는 말은 그리스어로 '처음'이라는 뜻인데, 최초의 진핵생물이라는 의미를 담고 있다. 원생생물은 아직 식물과 동물이 분화되기 전의 상태인데, 이들의 직접적인 후손이 오늘날 지구상에도 많이 존재한다. 아메바, 짚신벌레, 미역, 다시마 등이 모두 원생생물이고, 바다에 있는 플랑크톤도 대부분 여기에 속한다. 원생생물 중 유글레나 같이 움직일 수 있는 생명체를 원생동물이라 한다. 이들은 세포막을 통해서 외부 환경과 직접 접촉하고 화학적 변화를 감지할 뿐만 아니라 빛을 감지하여 몸의 방향을 조절한다. 빛을 감지하는 능력이 있다는 것은 시각의 출현을 의미한다.

최초의 다세포동물은 해면인데, 해면은 흐르는 물에서도 몸을 똑바로 유지할 수 있다. 어떻게 물의 흐름을 감지하는지는 모르지만 감지 능력이 있는 것은 분명하다. 이것이 최초의 평형감각일 것이다. 생명체가 다세포로 구성되면서 감각 정보를 처리하는 기관이 분화 가능해지지만 아직 해면에는 신경계라고 할 만한 구조는 없다.

## 감각기관의 탄생
**몸속의 돌로 균형을 유지하다** | 최초의 신경계는 해파리, 히드라, 말미잘 등과 같은 자포동물에서 나타난다. 이들은 몸의 균형을 담

당하는 기관을 가지고 있다. 이것을 평형포statocyst라고 하는데, 최초로 감각만을 담당하는 기관이 분화된 것이다.

statocyst에서 stato는 '평형'을 의미하고, cyst는 '물주머니 모양'을 의미한다. 평형포는 액체가 들어 있는 작은 주머니인데, 안에는 털 모양의 감각세포와 평형석statolith이 들어 있다. 평형석은 무거운 돌과 같아서 이들 동물이 똑바른 자세로 있을 때는 주머니 바닥에 있는 감각세포를 누른다. 그러다 돌이 주머니의 다른 부위로 움직이면 그 부위의 감각세포를 자극한다. 즉 각각의 감각세포는 그 동물이 중력에 대해 특정한 위치에 있을 때 최대로 반응한다. 그러면 그 동물은 아래쪽이 어디인지 알게 되고, 자기 몸의 위치를 재조정한다.

말미잘은 또 평형석을 이용해서 자신이 부착해 있는 바다 바닥의 진동을 느낀다. 진동을 감지하는 것은 인간의 감각에서는 촉각이라고도 할 수 있고, 청각이라고도 할 수 있다. 그러면 평형포는 평형감각, 촉각, 청각을 감지하는 감각기관이라 할 수 있다. 감각기관의 분화는 이렇게 나타나기 시작하였다. 그러나 이것을 통합-조절하는 중추신경은 아직 나타나지 않았다.

## 최초의 중추신경
머리와 좌우대칭은 불가분의 관계 | 가장 초보적인 중추신경은 플라나리아와 같은 편형동물에서 나타난다. 편형동물은 주로 민

물에서 살지만 바다나 육지에 사는 종류도 있다. 대부분 몸길이가 2cm 이하이고, 화살촉처럼 생긴 머리가 있다. 머리에는 색깔을 띤 점이 두 개 있는데, 이를 안점眼點, eye spot이라고 한다. 안점은 대부분 두 개이지만 네 개나 여섯 개인 편형동물도 있다.

편형동물에서 최초로 나타난 중추신경은 몸이 진행하는 방향의 앞부분에 형성된다. 이를 머리라고 한다. 중추신경과 머리라는 구조는 동시에 탄생한 것이고, 서로 같은 의미로 봐도 된다. 이때부터 신경계뿐만 아니고 신경계가 분포하는 다른 신체 구조도 좌우대칭이 되었다. 그리고 머리에서 감각 정보를 종합하고 운동 방향을 신속히 결정하여 도망치든지 먹이를 잡든지 할 수 있게 된다. 반면 중추신경이 없이 단순한 신경계 망을 가진 히드라와 같은 자포동물은 방향성이 없다.

머리와 중추신경이 발달하면서 앞과 뒤의 방향성도 발생하였다. 즉 머리, 중추신경, 방향성, 좌우대칭 등은 동시에 나타났다. 중요한 감각은 앞부분, 즉 머리에 밀집되고, 머리가 가는 방향이 앞쪽, 반대가 뒤쪽이 된다. 이러한 구조는 이후에 소화관의 진화에도 반영되어 에너지를 얻는 입은 앞부분에 위치하고, 배설물을 버리는 항문은 뒤쪽에 위치한다.

플라나리아의 머리에 있는 안점은 빛의 방향과 세기를 감지한다. 그러나 안점의 구조로 볼 때 외부 대상에 대한 이미지를 형성하지는 못할 것이다. 플라나리아의 머리에는 안점뿐만 아니고 귀처럼 약간 볼록 튀어나온 구조가 있다. 귀 모양을 닮았다고 이름

| 그림 4-1 |  가장 초보적인 중추신경은 플라나리아와 같은 편형동물에서 나타난다.

도 '귀<sup>auricle</sup>'라고 한다. 그러나 외부의 소리를 듣는 것은 아니고 먹이를 찾기 위한 화학수용체의 일종이다.

DNA의 진화 과정을 시간으로 추정한 결과, 동물에서 신경계와 감각기관의 이러한 초보적인 형태가 나타난 것은 10억 년 전에서 6억 년 전으로 생각된다.

## 생물의 빅뱅

5 억 년 전 미스터리 | 동물 진화에서 신경계가 출현한 이후 생물 세계에는 각종 다양한 동물 종류가 등장한다. 이것이 5억 4천만 년 전 일인데, 이를 캄브리아기 폭발이라고 한다. 생물 진화에서는 우주의 빅뱅에 필적할 만한 사건이다. 이로부터 5천만 년 동안 38개 동물문의 초기 형태가 모두 나타난다. 척추동물이 속한 척색

동물의 화석도 이 시기에 발견되었다. 다양한 동물이 갑자기 폭발적으로 나타나면서 여러 가지 감각기관의 분화도 모두 나타난다.


## 시각의 진화
**파 리 가  보 는  인 간 의  움 직 임 은  슬 로 모 션**   │   플라나리아의 안점은
색소를 가진 수용체가 컵 모양으로 모여 있는 구조로 되어 있다. 시각을 대상의 형상을 파악하는 능력이라고 정의한다면, 플라나리아의 안점은 빛의 방향이나 세기만을 감지하기 때문에 진정한 시각기관이라 할 수 없다.

이미지를 만들려면 밖에서 들어오는 빛을 굴절시켜 광수용체에 빛을 모아야 한다. 이를 위해서는 빛을 굴절시키는 각막과 렌즈가 광수용체 앞에 위치해야 한다. 이런 구조를 진정한 시각기관이라 할 수 있고, 카메라형 눈과 겹눈(복안)이 해당한다. 인간의 시각기관이 카메라형이고, 벌이나 파리와 같은 곤충의 눈이 겹눈이다.

카메라형 눈이나 겹눈은 둘 다 플라나리아의 안점에서 진화한 것이다. 카메라형 눈과 겹눈의 본질적인 차이는 빛을 어떻게 광수용체에 모으느냐에서 생긴다. 안점이 더욱 커지고 깊어지면서 밖에는 각막과 렌즈가 만들어지고 안쪽에는 광수용체가 더욱 많아지면 카메라형 눈이 되고, 안점이 약간 깊어지는 상태로 개수가 많이 모여 벌집 모양이 되면 겹눈이 된다.

카메라형 눈이건 겹눈이건 관계없이 눈에서는 광수용체가 빛 에너지를 전기화학적 신호로 변환한다. 광수용체의 핵심적인 기능은 옵신opsin이라는 단백질이 담당한다. 생명체에서 발견되는 옵신은 1형과 2형이 있다. 척추동물이나 곤충에서 발견되는 옵신은 모두 2형이고, 1형 옵신은 고생물古生物이나 진핵 미생물에서 발견된다. 1형과 2형 옵신은 구조가 매우 유사하고, 모두 레티날retinal과 결합하여 빛을 감지한다.

최초의 겹눈과 카메라형 눈이 나타나는 것은 5억 4천만 년 전의 캄브리아기다. 겹눈의 증거는 당시 지구상에 널리 퍼져 있던 삼엽충의 화석에서 발견되었다. 오늘날의 갑각류와 곤충은 당시의 삼엽충에서 진화했다. 이들은 모두 절지동물에 속하고, 겹눈을 가지고 있다. 카메라형 눈에 대한 증거도 캄브리아기에 살았던 코노돈트 화석에서 발견되었다.

지금까지 지구상에 알려진 동물의 80% 이상이 절지동물이고, 숫자상으로는 이들이 지구의 주인이다. 하지만 아직 우리 인간은 이들의 겹눈이 세계를 어떤 이미지로 지각하는지 알 수 없다. 단지 겹눈의 구조로 볼 때 이들이 얻는 영상은 모자이크 모양일 거라 추정한다. 그리고 아마도 카메라형 눈보다는 조잡한 상을 형성할 것이다. 그런데 파리와 같은 곤충은 시간당 감지하는 프레임의 숫자가 많다. 이들은 초당 265번의 깜박임을 감지한다. 인간의 눈이 초당 30~40개를 감지하는 것과 비교하면 엄청나게 많은 횟수다. 인간은 초당 30~40회보다 빠르게 깜박이는 영상은 연속적인 것으로 인식한다. 영화의 프레임은 초당 24회인데, 각 프레임이 두 번 투영되기 때문에 실제로는 초당 48프레임이다. 만약 파리가 영화를 보면 각 프레임이 슬라이드가 찰칵찰칵 넘어가듯이 보이기 때문에 무척이나 답답할 것이다. 그리고 사람이 손으로 자신을 잡으려고 할 때면, 그 움직임이 슬로모션으로 보이기 때문에 쉽게 도망칠 수도 있다.

시각기관의 진화에서 특이한 것은 척추동물에서 나타나는 카메라형 눈이 계통적으로 멀리 떨어진 연체동물인 오징어나 문어에서도 나타난다는 점이다. 물론 모든 연체동물이 카메라형 눈을 가지고 있는 것은 아니고 오징어나 문어의 카메라형 눈이 연체동물에서 예외적이긴 하다. 진화론적으로 서로 동떨어진 동물들에게서도 환경에 적응하면 외견상 비슷한 구조가 종종 나타난다. 그런데 문어와 인간의 눈을 만드는 유전자는 70% 정도가 서로 같다. 유전자 분자 시계로 인간의 눈과 문어의 눈이 분화한 시기를 추정하면, 캄브리아기 이전인 7억 5천만~5억 7천만 년 전이다. 즉 눈의 진화라는 관점에서만 보면 이때 인간과 문어가 같은 조상에서 갈라지기 시작했다.


## 육식동물과 초식동물의 눈

초점을 고수하느냐, 시야를 확보하느냐 | 눈의 위치에 따라 카메라형 눈을 가진 동물이 먹이사슬에서 점하는 위치를 추정하기도

한다. 토끼처럼 눈이 머리 양옆에 달린 경우에는 넓은 각도를 훑어보면서 거의 모든 방향의 움직임을 포착해 낼 수 있다. 이 경우 이들이 추적하는 움직임의 대상은 자기를 잡아먹는 포식자다. 이런 유형의 눈은 주로 초식동물에서 나타난다. 반대로 머리 앞쪽에 눈이 몰려 있으면 올빼미처럼 주변 환경을 많이 보지는 못해도 전방의 목표물을 정확하게 집어내고 대상과의 거리를 판단하는 데는 훨씬 유리하다. 이런 눈은 대체로 육식동물의 눈이다. 눈의 위치에 따른 먹이사슬에서의 위치 추정은 재미있기는 하지만 근거는 확실하지 않다.

## 색감의 진화
붕어는 인간보다 많은 색을 본다 │ 카메라형 눈에서 색깔 식별 능력만을 본다면 포유류는 퇴화한 동물에 속한다. 색에 반응하는 시각세포는 원뿔세포(원추세포)인데, 현재 대다수 포유동물은 원뿔세포가 두 종류뿐이다. 심지어 고래는 한 종류밖에 없다. 포유류를 제외한 어류나 파충류 같은 대부분의 척추동물은 원뿔세포를 서너 종류 가지고 있으며 조류나 거북은 훨씬 더 정교한 색 감각을 가지고 있다. 어떤 새들은 다섯 종류의 원뿔세포를 가지고 있어서 자외선도 감지한다.

포유류가 처음 지구상에 출현한 1억 8천만 년 전에는 밝은 낮이 공룡들의 세상이었기 때문에 포유류는 주로 밤에 활동하였다.

그렇게 긴 세월 야행 생활을 하는 동안 포유류는 파충류 단계의 색깔 식별 능력이 퇴화된 것으로 보인다. 그런데 갑자기 원숭이와 인간에서 삼원색 체계가 진화했다. 열매를 먹는 것이 진화의 원동력이 된 것으로 보인다. 초록빛이 주류를 이루는 숲에서는 삼원색을 가진 개체가 영양이 많은 열매와 잎을 훨씬 잘 찾았을 것이기 때문이다. 그러나 이러한 추정에 대한 근거는 확실하지 않다.

## 평형감각과 청각의 진화
#### 귓속에 숨어 있는 여덟 번째 뇌신경

청각이나 촉각은 모두 기계적 감각이다. 기계적이란 mechanical의 번역인데, 물리적 힘을 의미한다. 즉 물리적으로 당겨지거나 눌린 결과 감각이 발생한다. 청각을 일으키는 음파는 공기 압력의 변화이고, 촉각은 직접적인 접촉에 의한 감각이다. 소리가 아주 큰 콘서트에서 음파를 온몸으로 느끼는 것도 두 감각이 같은 종류이기 때문이다. 발생학적으로도 청각기관은 태아의 피부가 안으로 함몰되면서 만들어진다. 인간의 귀는 청각 기능뿐만 아니라 평형감각 기능도 하는데, 두 감각은 서로 전혀 관련이 없어 보이지만 기계적 감각이라는 점에서는 동일하다.

몸의 평형을 유지하는 것은 지구의 중력을 감지하는 능력에서 출발한다. 지구상에서 최초로 신경계를 진화시킨 자포동물에 속한 해파리뿐만 아니라 많은 무척추동물에서도 평형포가 이런 기능을 한다. 평형포 안에는 돌이 한두 개 들어 있다. 평형석이라 불리는 이 돌은 탄산칼슘의 미세한 알갱이다. 평형포의 기능은 가재를 대상으로 한 실험에서 밝혀졌다. 실험에서는 가재의 평형포에 있는 돌을 꺼내고 대신 그만 한 크기의 철심을 넣었다. 돌이 철로 대체된 가재에게 자석을 아래쪽에 두면 평소대로 헤엄치지만 자석을 위쪽에 두면 위아래가 바뀐 자세로 헤엄치기 시작한다.

자포동물 이후에 나타나는 많은 동물의 평형기관도 평형포와 구조가 유사하다. 돌 대신 공기를 이용하는 동물도 있는데, 물속 곤충의 경우는 공기 저장고에서 위로 올라가는 기포를 이용해 중력 방향을 감지한다.

어류는 옆줄(측선)에서 물의 흐름을 감지한다. 물의 파동을 감지하는 것으로 일종의 청각이다. 그런데 이 감각기관이 손상되면 몸의 균형을 잃는다. 따라서 평형기관의 역할도 한다. 물고기가 무리를 이루어 일사분란하게 같이 움직이는 것은 옆줄에서 물의 흐름을 거의 동시에 지각하기 때문이다. 옆줄은 작은 관 구조로 되어 있고, 작은 구멍을 통해서 외부 환경과 접촉한다. 따라서 이를 촉각기관이라고도 할 수 있다. 즉 어류의 옆줄은 촉각, 청각, 평형감각을 동시에 지각한다고 할 수 있다.

물고기는 옆줄 이외에도 속귀(내이)가 있어서 여기서도 소리를 지각한다. 물고기의 몸은 물과 거의 밀도가 같다. 그래서 소리 파동이 물고기의 몸으로 그대로 전달된다. 물고기의 속귀에는 평형포와 유사한 구조의 돌(이석)이 있다. 이 돌은 물이나 물고기의 다

| 그림 4-2 | 어류는 몸의 가운데를 지나는 옆줄에서 물의 흐름을 감지한다.

른 몸 부위보다 매우 밀도가 높아 다른 부위보다 소리파에 늦게
반응한다. 이러한 차이는 속귀에 있는 털세포(모세포)의 섬모를 자
극하고, 이것이 소리로 해석된다. 옆줄에 있는 수용체도 속귀와
유사하게 움직임에 의해서 자극되는 털세포를 가지고 있으며, 뇌
에 신경 신호를 전달한다.

어류의 속귀에는 평형감각을 담당하는 전정과 세 개의 반고리
관도 있다. 어떤 어류는 전정기관에 있는 돌의 무게가 뇌 무게의
네 배나 된다. 전정기관은 진화론적으로 오래된 신경계로, 척추동
물은 대부분 사람과 구조가 비슷하다.

결국 어류의 청각과 평형감각은 옆줄과 속귀에 의해서 이루어
진다고 할 수 있다. 그래서 옆줄과 속귀를 합해서 '8측선계octavo-
lateral system' 라고 한다. '8' 은 여덟 번째 뇌신경이라는 의미다. 사람
에서 달팽이신경과 전정신경이 합해진 속귀신경도 제8뇌신경으

로 불린다.

현재 육상 사지동물의 조상은 4억 2천만 년 전 고생대 실루리아기에 살았다. 처음으로 육지에 올라간 어류는 육기어류$^{lobe\ finned\ fish}$다. 이들은 지느러미$^{fin}$에 살집이 있는 돌기$^{lobe}$가 있어 육상에서 이동이 가능했다. 현재 생존하는 이와 가장 가까운 종이 실러캔스다. 진정한 고막 구조는 이보다 좀 더 시간이 지난 후에 나타난다. 2억 5천만 년 전 중생대 트라이아스기가 시작되면서 개구리의 조상에서 고막이 처음으로 나타났다. 현재의 개구리는 올챙이에서 탈바꿈(변태) 과정을 마치면 고막과 눈꺼풀이 나타난다. 양서류 이후에 나타나는 뱀과 같은 파충류는 겉에 보이는 귀는 없지만 속귀에서 달팽이관이 발달했다. 이들은 피부를 통해 느끼는 진동을 달팽이관에서 지각한다. 조류와 포유류에 이르면 고도로 발달된 청각기관인 달팽이관이 나타난다.

척추동물이 수상동물에서 육지의 사지동물로 진화하면서 청각기관에서는 달팽이관과 같은 커다란 변화가 있었지만 평형감각기관인 전정기관에서는 별 변화가 없어 보인다. 턱이 있는 모든 척추동물은 기본적으로 비슷한 전정기관이 머리 양쪽에 있다. 그런데 평형감각은 다른 사지동물에 비해 유난히 사람에게서 고도로 발달한 것으로 보인다. 사지동물$^{tetrapod}$이란 발이 네 개 달린 동물이라는 뜻인데, 네 발로 걷지 않는 인간이나 조류도 모두 사지동물에 속한다. 사지동물 중 인간처럼 두 발로 걷는 동물은 흔하지 않다.

곤충의 고막은 보통 쌍으로 있으며 양쪽은 공기로 찬 관을 통해 서로 연결되어 있다. 곤충은 고막과는 독립적으로 진화한 털 모양의 청각세포가 있다. 이들은 특정 부위에 있는 것이 아니고, 배, 가슴, 다리 등 신체 여러 부위에 분포해 있다.

털 모양의 감각세포는 곤충의 신체 여러 군데에 분포해 있으면서 청각과 촉각뿐만 아니고, 위치 감각도 담당한다. 특히 다리 관절에 붙은 털들은 중력에 관한 중요한 정보를 제공한다. 몸이 기울어지면 다리에 실리는 힘이 달라지고 그에 따라 자세도 달라진다. 중력을 정확하게 측정하는 능력은 무리 내 의사소통에도 중요한 역할을 한다. 꿀벌은 춤을 춰서 꿀의 위치에 대한 정보를 교환한다. 이때 춤의 방향, 즉 중력에 따른 수직 방향에서 벗어나는 각도가 중요한 정보가 된다.

## 달팽이관

**달팽이관마다 가청 주파수는 다르다** | 소리를 듣는다는 것은 음압의 변화를 전기 신호로 변환하는 과정인데, 이 과정에서 전달매체가 바뀌면 소리에너지는 효과적으로 전달되지 못하고 경계면에서 반사된다. 예를 들면 공기와 물 사이의 에너지 전달 효율은 0.1%에 불과하다. 포유류의 청각기관인 달팽이관의 경우 소리에너지는 '공기→뼈(고체)→달팽이관 림프액(액체)'의 매체를 거쳐 전달되는데, 이때 에너지 전달 효율을 극대화하는 방향으로 진화가 이

루어졌다. 특히 고막에 전달된 공기의 진동이 관절로 연결된 뼈들을 통해 증폭되는 과정에서 귀의 기능이 중요하다. 이러한 구조 덕분에 고양이는 에너지 전달 효율이 94%에 이른다.

달팽이관 구조로 된 청각기관이라 하더라도 그 기능은 종마다 매우 다양하다. 사람이 들을 수 있는 소리의 주파수는 20Hz에서 20,000Hz 사이여서 1초에 20번에서 20,000번 떨리는 음파만을 들을 수 있다. 1초에 20번 미만으로 떨리는 초저주파는 인간에게 소리가 아니라 공기 진동에 불과하다. 코끼리는 초저주파를 이용하여 의사소통을 하는데, 저음은 고음보다 훨씬 잘 퍼지기 때문에 먼 거리 소통에 유리하다. 코끼리 울음의 음파는 최대 10km까지 미치며 울창한 수풀도 뚫고 지나간다. 사람은 이렇게 낮은 저음의 경우 고막으로 듣는 게 아니라 몸 전체로 느끼므로 공포감을 느낀다. 이를 이용한 것이 공포영화의 저음이다. 반면 인간이 들을 수 없는 20,000Hz 이상의 음파를 초음파라고 하는데, 고래나 박쥐와 같은 동물들은 초음파를 이용하여 의사소통을 하고 정보도 얻는다.

두 귀를 사용하면 한쪽 귀만 사용할 때보다 더 다양한 주파수 정보를 처리할 수 있다. 사람은 양쪽 귀에서 소리의 도착 시점 및 강도를 비교하여 소리의 위치를 파악한다. 그런데 이 방법은 수평 위치 파악에는 효과적이지만 위아래 혹은 뒤에서 나는 소리를 파악하는 데는 별로 도움이 되지 않는다. 부엉이는 한쪽 귀가 약간 높이 있기 때문에 위아래 위치 파악이 용이하다. 개나 고양이는 귀를 움직여서 인간보다는 좀 더 용이하게 위치를 판단한다. 다만 사람은 귀가 앞으로 향해 있어서 뒤에서 나는 소리는 약하게 들리기 때문에 앞뒤 위치 판단을 할 수는 있다. 인간은 이런 단점을 보완하기 위해 자주 목을 돌려서 음원을 추적한다.

시골에 가면 많이 볼 수 있는 몸길이가 1cm가 채 안 되는 매우 작은 침파리는 고막으로 소리를 듣는다. 양쪽 고막은 0.5mm 정도 떨어져 있고, 달팽이관도 없지만 소리가 나는 곳의 위치를 추적하는 능력은 인간보다 훨씬 우수하다. 사람이 양쪽 귀에서 들리는 소리의 시간 차를 0.001초까지 감별할 수 있는 데 비해, 침파리는 500억 분의 1초까지 가능하다. 인간보다 5천만 배 우수하다. 사실 인간과 동물의 감각 능력을 비교하는 것은 별다른 의미가 없다. 각자의 환경에서 우수한 능력을 선택적으로 발달시켜 온 결과일 뿐이기 때문이다.

## 화학적 감각

물고기는 몸으로도 맛을 느낀다 | 화학적 감각이란 외부의 특정 물질을 감지하는 감각이다. 세포 활동 자체가 외부와 물질을 교환하여 이루어지기 때문에 화학적 감각은 촉각과 함께 가장 원초적인 감각이다. 화학적 감각의 진화된 형태가 후각과 미각이다. 후각은 대체로 멀리 떨어져 있는 물체의 화학적 신호를 감지하는 것이고, 미각은 화학수용체가 물질과 직접 접촉한 결과 발

생한다.

후각은 환경과 접촉하는 일차적인 창구이기 때문에 많은 동물에게 지극히 중요하다. 동물들은 공간에서 자신의 위치를 파악하는 단서로 후각을 이용하며, 특정 장소나 다른 동물 또는 먹이가 있는 곳을 찾아갈 때도 후각을 이용한다. 대부분의 무척추동물에게는 후각이 가장 중요한 감각이다.

후각은 단지 외부 대상을 감각하기 위한 도구일 뿐만 아니라 의사소통의 수단도 된다. 개나 늑대는 오줌으로 자신의 세력권을 표시한다. 고양이는 어떤 물체를 보면 얼굴에서 나오는 분비물을 문지르고 오줌도 눈다. 이런 역할을 하는 물질이 페로몬이다. 이는 같은 종의 구성원 간에 정보를 전달하기 위한 화학적 신호다. 페로몬은 곤충과 같은 무척추동물에게도 중요한 의사소통 수단이다. 암컷 나방은 수컷을 유혹하기 위해 페로몬을 방출하고 개미는 페로몬으로 자신들의 길을 표시해 둔다. 상당수 동물의 경우 짝짓기 때 페로몬과 후각이 중요한 역할을 한다.

인간의 후각은 다른 포유류보다 퇴화한 것으로 보인다. 쥐는 후각이 인간보다 8~50배 정도, 개는 300~10,000배 정도 더 예민하다. 인간보다 후각이 발달한 이들 동물에게는 후각이 생존에 중요하지만, 사실 인간에게는 후각이 생존에 결정적이지 않다. 후각을 강조하는 사람들이 야만인 취급을 받는 것도 후각은 동물적 감각이라는 인식 때문이다.

물고기의 경우 물속에서 냄새를 유발하는 분자나 미각을 유발하는 분자가 모두 물고기 몸에 있는 수용체와 직접 접촉한다. 어류도 코와 입이 분리되어 있어서 코에는 후각기관이 있고 입에는 미각세포가 있지만, 이 둘을 엄밀하게 구분하기가 어렵다. 그리고 동일한 화학물질을 후각수용체와 미각수용체 두 군데에서 동시에 지각하기도 한다.

물고기의 후각과 미각수용체의 신경학적 연관 관계를 보면 이들에게는 후각보다 미각이 중요해 보인다. 미각에 더 많은 신경이 연결되어 있기 때문이다. 물고기의 후각수용체는 단 하나의 뇌신경과 연결되어 있는 반면 미각수용체에는 세 개의 뇌신경 지류가 연결되어 있다. 육상에 사는 척추동물은 미각수용체가 입 안에 있지만 물고기는 거의 온몸에 분포되어 있다. 심지어 지느러미에도 미각수용체가 있어서 먹이가 여기에 살짝 스치기만 해도 먹이의 맛을 느낄 수 있다.

동물은 배를 채우지만 인간은 먹는다. 별다른 근거가 없는 인간 중심적인 표현이긴 하지만, 사람에게 먹는다는 것은 본능적인 배고픔을 해결하는 것 이상의 의미가 있음을 함축하는 말이다. 사람은 고통을 참아 가면서도 먹는 것을 즐긴다. 전 세계 인구의 3분의 1이 매일 먹는 고추의 매운맛이 대표적인 예다. 캡사이신은 고추의 주성분인데, 이 성분은 입 안 피부의 TRPV1수용체에서 감지된다. 이 수용체는 캡사이신과 열 자극에 모두 반응한다. 그래서 고추를 먹으면 화끈거리고 맵다고 느낀다.

캡사이신수용체는 모든 포유류에서 발견된다. 그래서 포유류는 대부분 매운 고추를 먹지 않는다. 그러나 유전자를 조작하여 이 수용체를 없앤 쥐는 캡사이신 용액을 맹물처럼 마신다. 조류는 캡사이신수용체가 없기 때문에 고추를 잘 먹는다. 미국 남부 애리조나의 한 야생 고추밭에서 어떤 동물이 고추를 먹는지를 연구한 바에 따르면, 쥐와 같은 포유류는 고추를 거들떠보지도 않았지만 개똥쥐빠귀 무리의 새들은 고추를 즐겨 먹었다. 맵고 화끈거리는 느낌을 손부채질로 참아 가며 매운 고추를 먹는 포유류는 인간이 유일하다.

왜 사람들이 고추와 같은 매운맛을 좋아하게 되었는지 정확한 유래는 밝혀지지 않았다. 하지만 그에 대해 두 가지 설명이 있다. 하나는 이것이 즐거운 고통을 유발한다는 것이다. 즉 예상되는 통증이 해롭지 않기 때문이다. 다른 설명은 고추로 인해 통증 신경이 활성화되면 침 분비가 증가되고 입 안이 민감해져 다른 감각이나 미각을 좀 더 자극적으로 즐기게 된다는 것이다. 어쨌든 인간은 먹는 행위와 관련해서는 예상과 다른 행동을 보인다.

## 인간의 코

**돌출된 인간 코는 진화의 비밀** | 사람의 후각기관인 코는 유난히 튀어나왔다. 사람처럼 튀어나온 코는 동물에서 흔하지 않다. 거북의 코는 머리에 구멍 두 개만 뚫려 있는데, 이런 형태가 동물 코로는 오히려 전형적이다. 물고기와 도마뱀도 구멍만 있고, 고릴라와

침팬지의 경우도 비슷하다. 현존하는 영장류 중에서 코주부원숭이와 사람만이 코가 튀어나와 있다.

사람의 튀어나온 코는 안에 공간을 만들어 들이마시는 공기를 따뜻하게 하고, 가습하는 기능을 한다. 이것이 코 안쪽에 있는 후각이 잘 작동하도록 도움을 주기는 하지만 인간보다 후각이 발달한 동물과 비교했을 때 왜 사람의 코가 튀어나오게 되었는지에 대한 만족스러운 설명은 아직 없다.

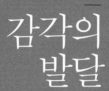

5

# 감각의
# 발달

발달단계에 있는 사람을 우리는 소아<sup>小兒</sup> 혹은 어린이라고 부른다. 몇 살까지 어린이라고 해야 할지는 연구 목적이나 사회문화적인 배경에 따라 달라진다. 소아의 특징을 성장과 발달이라는 관점에서 보면 육체적인 성장이 끝나는 20세까지를 소아라고 할 수 있다. 성장단계에 있는 소아는 각 단계마다 독특한 특징을 보이기 때문에 어른의 축소판으로 보면 안 된다. 이를 강조한 표현이 '소아는 작은 성인이 아니다.'라는 말이다.

대한소아과학회에 따르면 소아기는 크게 다섯 단계로 나뉜다. 먼저 생후 4주간을 신생아<sup>neonate</sup>라고 하고, 그 다음이 영아<sup>infant</sup>다. 영아기는 일반적으로는 1개월~1년을 말하지만 생후 2년까지를 영아기로 잡기도 한다. 세 번째 단계는 유아<sup>preschooler</sup>로 2~5세 사이다. 6세부터는 학령기 아동<sup>late childhood</sup>이라고 하는데, 대략 11

세까지다. 이 시기를 그냥 아동이라고 하기도 한다. 다음이 청소년(사춘기)인데, 학령기와 청소년기의 경계선을 정하는 것은 쉽지 않다. 근래 사춘기의 시작이 빨라졌고, 남녀 간에도 2년가량 차이가 나기 때문이다.

위 다섯 단계에서 우리나라 용어가 혼동되는 시기가 있다. 영아와 유아다. 둘 다 어리다는 의미의 한자어 영嬰과 유幼를 사용한다. 그런데 간혹 젖을 의미하는 유乳를 사용하여 생후 1년까지를 유아乳兒라고 하는 사람들도 있다. 이 책에서는 '영아-유아' 순서로 대한소아과학회의 기준에 따른다. 영유아기로 기억하면 순서를 혼동하지 않을 것 같다.

## 영아의 감각 연구

영아 연구는 난관의 첩첩산중 | 19세기까지만 해도 신생아나 영아는 아무것도 지각할 수 없고, 자신들이 접하는 환경에 대해 아무런 의미를 형성할 수 없어서 완전히 혼란스러운 지각적 세계를 경험한다고 알고 있었다. 그러나 실제 신생아는 훨씬 많은 것을 지각할 수 있다. 현대 신생아들이 19세기 신생아보다 보고 듣는 능력이 더 발달한 것이 아니라, 그동안 영아의 지각적 능력을 측정하는 방법이 개발되면서 알게 된 사실이다. 그러나 아직도 신생아나 영아의 지각 능력을 연구하는 것은 어렵다.

우선 신생아에 대한 실험을 하기 위해서는 관계자의 동의가 여러 절차에 걸쳐 필요하다. 먼저 병원 신생아실의 책임자나 해산 후 아직 회복 중인 산모에게 허락을 받아야 한다. 허락을 받은 뒤에는 좁은 신생아실에 검사 장비를 설치한 다음, 신생아가 조용하고 말똥말똥한 상태가 될 때까지 때로는 몇 시간이고 기다려야 한다. 또 검사가 이미 시작된 뒤에도 발생 가능한 돌발 상황에 대처해야 한다. 그리고 관찰 결과 나오는 신생아의 반응을 해석하는 또 다른 단계를 거쳐야 한다. 예를 들면 제시한 자극을 쳐다보는 행동을 관찰했을 때 이것이 반응을 보이는 것인지, 무관심한 것인지를 해석해야 한다.

## 영아의 시각
6개월 된 아기는 원숭이의 얼굴을 구별한다 | 우리가 영아의 지각에 대해 갖는 가장 기본적인 의문은 이들이 과연 볼 수 있는가이다. 이는 시력 측정의 문제다. 성인들은 시력표를 보여 주고 얼마나 보이는지를 측정한다. 영아의 경우 눈앞에 주어진 두 자극을 구별할 수 있는지를 측정한다. 먼저 영아의 눈앞에 그림을 두 개 보여 주고 관찰자는 영아의 눈을 관찰한다. 만약 영아가 어느 하나를 오랫동안 쳐다보면 두 자극을 구분할 수 있다고 해석한다. 그리고 두 자극의 차이를 점차 줄여 가다가 두 자극을 구별할 수 없어지면, 이 시점이 영아의 시력이 된다.

시력을 측정하는 또 다른 방법은 뇌 활동으로 나타나는 전기적 신호를 측정하는 것이다. 영아가 눈앞에 주어진 자극을 뇌에서 지각하면 뒤통수의 시각피질에 전기적 변화가 나타날 것이다. 그러므로 반응이 없다면 눈앞에 주어진 자극을 지각하지 못했다고 해석할 수 있다.

이러한 방법으로 영아의 시력을 측정한 바에 따르면 생후 1개월째에는 50cm 떨어진 엄마의 얼굴을 단지 뭔가 있다는 정도로밖에 지각하지 못한다. 갓 태어난 아이의 시력을 굳이 수치로 말해 본다면 0.05 정도의 심한 원시라고 할 수 있다. 그러나 엄마를 다른 사람과 구별할 수는 있다. 엄마에게서 풍기는 냄새나 목소리를 통한 구별 가능성을 배제하기 위해 엄마의 얼굴을 비디오 화면으로 보여 준 경우에도 엄마의 얼굴에 반응하는 것으로 이를 확인할 수 있다. 그러나 엄마가 머리에 스카프를 쓴다든지 하는 식으로 외양에 변형을 가하면 엄마의 얼굴을 구별하지 못한다.

생후 3~4개월이 지나면 사람 얼굴의 윤곽을 알아보고, 행복한 얼굴과 놀라거나 화난 또는 무표정한 얼굴을 구분할 수 있다. 사물이 움직이면, 그것을 따라 시선을 옮길 수도 있다. 색채에 대한 지각도 이때 발달하여 빨강, 파랑, 노랑을 구별한다. 그러다가 시력은 생후 6~9개월에 걸쳐서 빠르게 좋아지고 1년이 지나면 사물을 대략 구별할 수 있을 정도가 된다.

시력이 발달하는 과정에는 성장 환경이 반영된다. 6개월 된 영아는 인간과 원숭이 얼굴 모두를 구분할 수 있지만 9개월 된 영아는 인간의 얼굴만을 구분할 수 있다. 만약 6~9개월 사이에 사람보다 원숭이와 더 많은 시간을 보냈다면, 원숭이 얼굴을 더 잘 구별했을 것이다.

이 사실은 영아들에게 사람 얼굴 사진 두 장을 같이 보여 주고, 다음에 원숭이 얼굴 사진 두 장을 보여 주면서 영아가 각 자극을 바라보는 시간을 측정한 실험 결과로 밝혀졌다. 먼저 영아에게 한 사람의 얼굴 사진에 친숙해지게 한다. 그 다음 이 친숙한 얼굴과 새로운 얼굴 사진을 동시에 보여 준다. 이때 영아가 두 얼굴 중 어떤 것을 오래 바라보는지를 측정한다. 영아는 새로운 자극을 더 오래 보는 경향이 있기 때문에 만일 새로운 얼굴을 더 오래 바라본다면 이는 영아가 두 얼굴을 구분할 수 있다는 것을 의미한다. 원숭이 얼굴 사진을 가지고도 같은 방법으로 진행한다.

이러한 실험에 의하면 6개월 된 영아는 사람 얼굴이나 원숭이 얼굴이나 똑같이 구별하지만 9개월째가 되면 원숭이 얼굴을 구별하는 능력을 상실한다. 즉 영아는 자주 접하는 자극을 좀 더 잘 구별할 수 있도록 선택적으로 지각 능력을 발달시켜 간다. 그래서 성인이 되면 자기가 속한 사회의 사람들 얼굴은 쉽게 구별하지만 외국인의 얼굴은 구별하기가 어려워진다. 동물의 얼굴은 더욱 구별하기 어려워진다.

# 영아의 청각

신생아도 외국어와 모국어를 구별한다 | 신생아도 소리를 듣는

다. 신생아가 소리를 들을 수 있는지를 확인하는 간단한 방법은 음원의 방향을 찾을 수 있는지를 알아보는 것이다. 신생아는 보통 소리를 향해 고개를 돌린다. 영아의 청력을 테스트하기 위해서는 영아에게 이어폰을 끼워 어머니 무릎에 앉히고, 관찰자는 영아의 눈에 띄지 않는 곳에 숨어 있다. 그리고 영아에게 어떤 소리를 제시하거나 제시하지 않은 상태에서 영아의 눈의 움직임, 얼굴 표정의 변화, 동공(눈동자)의 크기 변화, 고개의 움직임 등을 관찰하여 그 소리를 들었는지 아닌지를 판단한다. 1980년대 이후에는 영아에게 소리를 들려주고 뇌의 전기적 반응을 뇌줄기(뇌간)$^{brain stem}$에서 측정하는 방법도 개발되어 사용되고 있다.

이런 방법에 의하면 신생아는 소리를 듣기는 하지만 성인이 듣는 것보다 큰 소리만 듣는다. 출생 후 1개월 이내의 신생아는 강한 소리 자극을 주면 대개 깜짝 놀라는 반응을 보인다. 이때 심장 박동과 호흡이 변한다. 출생 후 1~4개월에는 어떤 소리를 들려주면 소리를 듣는 것처럼 조용해지고, 4개월이 가까워지면 친숙한 엄마의 음성에 웃는 반응을 보인다. 그리고 4~6개월이 되면 고개를 돌려 소리가 나는 방향을 찾을 수 있다. 음악 감각도 일찍 나타난다. 생후 한 달쯤 되면 진동수가 다른 음의 차이를 구별할 수 있고, 6개월이 되면 멜로디 윤곽의 변화에 반응한다. 이는 갓난아기도 음악을 들으면 좋아한다는 사실에서도 금방 확인된다.

엄마의 목소리를 듣고 웃는 반응을 보이는 것은 영아가 4개월이 되어서지만, 그보다 훨씬 이른 시기에 엄마의 목소리를 인식한

05 감각의 발달 | 영아의 청각

다는 연구 결과도 있다. 한 연구에서는 생후 이틀 된 신생아들에게 장난감 젖꼭지를 물린 상태에서 이어폰으로 엄마와 낯선 사람의 목소리를 들려주었다. 그러자 목소리에 따라서 젖꼭지를 빠는 패턴이 바뀌었다. 외국어와 모국어를 들려주었을 때도 젖꼭지를 빠는 패턴이 변했다. 태어난 지 이틀밖에 안 된 신생아들에게 이런 반응이 나타난다는 것은 이들이 자궁 속에 있을 때부터 엄마의 말소리와 언어에 친숙해진다는 것을 의미한다.

영아는 3개월이 되면 '아-' 소리를, 7개월이 되면 '마-마-' 같은 소리를 내고, 12개월이 되면 '엄마,' '아빠' 등과 같은 말을 한다. 겉으로 드러나는 발달은 이렇지만 내면적으로는 훨씬 많은 것이 진행된다. 일본의 영아들을 대상으로 한 관찰에 의하면 4개월 된 영아는 /r/과 /l/을 구분할 수 있지만 1년이 되면 더는 구분하지 못한다. 발달 초기에 영아는 모든 언어의 말소리를 지각하는 능력이 있지만 첫 해 동안 듣는 모국어에 따라 이후 지각 능력이 조율된다는 것을 알 수 있다. 이는 앞에서 언급한 자기가 속한 사회구성원의 얼굴을 구별하는 능력이 선택적으로 발달하는 것과 같은 맥락이다.

## 영아의 후각

냄새만으로도 엄마 젖을 안다 | 후각은 태어나면서부터 잘 발달되어 있어서 신생아의 경우 젖 냄새를 구별할 수 있다. 생후 4~5

일이 지나면 냄새로 모유 방향을 감지할 수 있고, 1개월이 지나면 자기 엄마와 다른 사람의 모유를 냄새로 구별할 수 있다. 신생아는 다양한 후각 자극에 몸놀림이나 얼굴 표정으로 반응을 보인다. 영아들은 바나나 주스나 바닐라 주스 냄새를 맡으면 빠는 시늉을 하거나 웃는 표정을 보이지만 새우젓 냄새나 썩은 계란 냄새에 대해서는 거부반응을 보인다.

## 영아의 미각

**달면 삼키고 쓰면 뱉는다** | 신생아는 단맛을 좋아하여 설탕을 묻힌 장난감 젖꼭지를 빨게 했을 때는 떼를 쓰지 않는다. 하지만 쓴맛이나 떫은맛은 태어난 지 얼마 되지 않아서부터 거부하여, 쓴맛이 입에 들어가면 바로 뱉어 낸다. 신생아들은 이처럼 이미 미각이 발달해 있지만, 맛에 따라 다른 발달단계를 보인다. 가령 신생아는 달거나 시거나 쓴맛이 나는 자극에는 반응을 하지만 짠맛에 대해서는 반응을 보이지 않는다. 짠맛에 대한 반응은 4~6개월이 지나야 나타난다.

태어나서 6개월이 지나면 보통 이유식을 시작한다. 이 시기가 향후 음식 선호에 많은 영향을 미치는데, 사실 음식에 대한 기호 형성은 그 이전 시기부터 영향을 받는다. 아이는 어머니의 뱃속에 있을 때 어머니가 섭취한 음식을 좋아한다. 한 실험에 의하면 하루 한 번씩 당근 주스를 마신 임산부가 낳은 아이는 그렇지 않은 아이보다 생후 6개월 때부터 당근 맛이 나는 이유식을 선호하는 경향을 보였다. 또 모유를 먹는 아기 중 상당수가 마늘, 알코올과 바닐라 맛을 엄마의 모유에서 식별해 내는 것으로 나타났다. 따라서 여러 가지 음식을 가리지 않고 섭취하는 어머니의 젖을 먹고 자란 아이는 편식할 가능성이 줄어든다.

## 영아의 피부감각

백 일 된 아 기 는 간 지 럼 을 타 지 않 는 다 | 개나 말 같은 포유동물은 새끼를 낳으면 가장 먼저 새끼의 온몸을 혀로 핥아 준다. 새끼의 피부 표면에 묻어 있는 양수를 닦아 내고 온몸에 마사지를 하여 자극을 주는 것이다. 그러면 새끼는 정상적으로 숨을 쉬게 된다. 사람의 경우에도 어머니가 혀를 이용하지는 않지만 아이가 태어나면 피부를 자극하는 접촉을 한다. 아이가 세상에 태어나면서 받는 가장 강한 자극인 어머니의 질을 통과하는 순간의 압력도 피부감각을 자극한다.

출생 직후에는 입술과 혀를 제외하고는 촉각이 별로 발달되어 있지 않아 보인다. 신생아는 기저귀가 축축해지면 불편함을 느끼고 엄마의 손이 닿으면 편안해하지만, 엄마가 어디를 만지는지는 구별하지 못한다. 그러나 몇몇 본능적인 반사운동은 피부감각을 통해서 이루어진다. 예를 들어 뺨을 만지면 신생아는 그쪽으로 머리를 돌린다. 반사적인 운동인데, 이는 음식을 찾기 위한 본능적

인 반응이다. 또 손바닥에 물건을 올려놓으면 움켜쥐고, 빼려고
하면 더욱 세게 쥔다. 이 반사운동도 자신이 넘어지지 않기 위해
무언가에 매달리도록 발달한 것이다.

아이들은 간질간질한 감각을 느끼면 즐거워하는데, 영아가 간
지럼을 타는 것은 생후 최소한 4~5개월은 지나야 한다.

통증은 신생아 때부터 느끼는 감각이다. 과거에는 소아의 신경
계는 성숙되지 않아 성인과 같은 강도의 통증을 경험하지 않고,
통증이 있다고 하더라도 성인에 비해 빨리 회복된다고 생각했다.
그래서 과거에는 막 태어난 신생아에게 진통제를 투여하지도 않
고 포경 수술을 했다. 그러나 신생아도 통증을 느낄 수 있고, 통증
에 대한 경험을 기억한다는 증거들이 나타나고 있다. 피를 뽑기
위해 주삿바늘로 발뒤꿈치를 찌를 때면 아기는 얼굴을 찡그리거
나 운다. 그리고 맥박이 빨라지고 혈압이 상승하며 손에 땀도 난
다. 따라서 최근에는 신생아를 수술할 때 마취제를 사용해야 한다
는 주장이 강하게 제기된다.

## 영아의 평형감각
**뱃 속 에 서 부 터  느 끼 는  감 각** | 신생아를 팔에 안고 있다가 갑자기
떨어뜨리면 아기는 양팔을 벌렸다가 구부린다. 본능적인 반사 행
동인데, 이는 신생아에게 중력을 감지하는 능력이 있다는 것을 의
미한다. 중력 감지는 평형감각의 한 종류로 전정기관에서 담당한

다. 태아의 전정기관은 임신 22주면 성인과 거의 크기가 같아지고, 태아는 임신 기간 동안 어머니의 움직임과 자신의 움직임을 통하여 전정신경에 지속적인 자극을 받으면서 성장한다. 중력감각은 태아가 출생을 위해 자세를 거꾸로 뒤집는 임신 마지막 두 달 동안 가장 강하게 자극을 받는다. 아이는 태어나면서부터 움직이고자 하고 흔들어 주면 좋아하는데, 이 모든 활동이 평형감각을 발달시키기 위한 반사적인 활동이다.

생후 1개월 된 영아는 엄마의 어깨에 머리를 기대어 안겨 있는 동안 종종 머리를 들어 올리려고 한다. 중력이 머리를 들어 올리도록 목 근육을 움직이는 뇌 부위를 자극했을 것이다. 몇 주 더 지나면 이 적응 반응은 엎드려 있을 때 머리를 들어 올릴 수 있을 정도로 발달한다. 영아들은 안아 주거나 흔들어 주면 편안해하고 조용해진다. 그리고 공중으로 던져 주거나 비행기 태워 주는 놀이도 매우 좋아한다. 이러한 놀이를 좋아하는 것은 영아들이 강한 중력감각을 즐긴다는 것을 의미한다.

## 영아기의 감각 통합

유전자에 새겨진 발달 프로그램 | 영아기의 감각 발달을 연구하기 위해서는 각각의 감각을 분리해서 살펴봐야 하지만 실제로는 이러한 감각이 따로따로 발달하는 것이 아니고 종합적으로 발달한다. 영아들은 엄마와 놀 때 얼굴을 보면서 말소리도 듣고 손으

로 만지기도 하면서 여러 감각 정보를 종합한다. 이러한 감각의 통합 능력은 태어나면서 바로 발현된다.

영아의 감각 통합에 대한 연구는 다음과 같이 이루어졌다. 장난감 젖꼭지 두 개를 준비해 신생아의 입에 그중 하나를 넣는다. 아이가 빨기 시작하면 정면에 놓인 컴퓨터 모니터에 자기가 빠는 장난감 젖꼭지 모양의 이미지가 커다랗게 제시된다. 아이가 빠는 동안 그 이미지는 계속 화면에 남아 있게 하고, 1초 이상 빨기를 멈추면 화면에는 다른 모양의 장난감 젖꼭지가 나타나게 한다. 이 실험에 익숙해진 신생아는 나중에 자신이 장난감 젖꼭지를 빨거나 빨지 않는 식으로 화면에 나타날 이미지를 결정할 수 있었다. 이는 이들이 촉감의 지각을 시각 지각으로 연결할 수 있다는 것을 의미한다.

영아는 시각 정보와 청각 정보를 통합할 수도 있다. 생후 3~5개월 된 영아는 엄마의 목소리가 들릴 때 엄마를 더 오랫동안 바라보며 아빠의 목소리가 들릴 때 아빠를 더 오래 바라본다. 또 영아들은 소리가 들려오는 곳으로 눈과 고개를 돌린다. 그러나 소리가 나는 방향이 어디인지를 알아맞혀 그 소리를 내는 물체를 바라보는 행동은 어설프게 이루어진다. 청각과 시각을 더 정확하게 통합하려면 시각 자극과 청각 자극을 여러 번 경험하여 통합 능력을 정교하게 다듬어야 한다.

신생아와 영아의 감각 발달은 서로 다른 감각끼리 영향을 주고받으며 이루어진다. 그뿐만 아니라 감각의 발달은 운동 능력의 발달과도 영향을 주고받는다. 아이는 운동이란 수단을 통해 주변 세계를 탐색하고 주변 대상에 대해 학습할 수 있다. 정확하게 보기 위해서는 고개나 눈을 움직여야 하고, 정확하게 듣기 위해서는 고개를 돌려 봐야 한다. 인간은 움직이기 위해 지각하며, 지각하기 위해 움직인다고 할 수 있다. 방 안에서 흥미로운 물건을 발견하면 영아는 가까이 다가가서 만져 본다. 물론 영아가 기어서 이동하기 위해서는 8개월의 훈련이 필요하다. 그러나 기어가는 능력은 부모가 가르쳐서 발달하는 것은 아니다. 아이에게 잘 기어가도록 시범을 보여 주기 위해 부모가 무릎을 굽혀 기어 다닐 필요는 없다. 신경계가 정상이고, 적당한 자극이 주어진다면 그렇게 발달하도록 유전자에 프로그램화되어 있기 때문이다.

## 자아의 확립

거울 속의 나는 '나'인가, 타자인가 | 침팬지와 오랑우탄을 마취하여 의식을 잃게 한 후 이들의 얼굴에 점을 그려 넣고 어떻게 행동하는지를 관찰해 보았다. 마취에서 깨어난 이들 앞에 거울을 보여 주면 자기 얼굴에 그려진 점을 지우려고 한다. 그리고 누가 이런 장난을 했는지 찾으려는 듯 안절부절못한다. 이렇게 거울을 보고 자신의 존재를 인식하는 동물은 매우 드물다. 침팬지와 오랑우탄은 인간처럼 이런 능력이 있지만 원숭이만 해도 대부분 그런 능력이 없다. 원숭이는 거울에 나타난 자기 모습을 보고는 전혀 다

른 원숭이를 대하듯이 한다.

사람에게 이런 자기 인식이 가능해지는 시기는 생후 1년 전후다. 이는 유아가 거울에 비친 자신의 얼굴을 자신이라고 인식할 수 있느냐 없느냐를 관찰해서 밝혀졌다. 시각적으로 자기 얼굴을 자기라고 인식한다는 것은 엄마로부터 '나'의 독립을 의미한다.

세계를 '나'와 외부 환경으로 나누어 볼 때 자기와 환경의 물리적인 경계는 피부다. 피부는 신체의 내부와 외부를 분리하며 동시에 자아라는 마음의 내부와 외부를 분리한다. 1세 이전의 아기에게서 엄마가 자신을 만졌을 때 나타나는 반응이 반사적인 행동이었다면 이제는 엄마가 자신의 어느 부위를 만지는지를 알고 반응을 한다. 이제 엄마와 완전히 분리된 자신의 신체감각을 느낀다. 프로이트는 "자아는 궁극적으로 신체적인 감각, 주로 신체의 표면에서 유래하는 감각에서 생겨난다."라고 했다.

자기 자신과 자기 주변의 세계를 구별하지 못한다는 것이 어떤 느낌일지는 상상하기 어렵다. 어쨌든 만 한 살이 넘으면 혼란스럽고 무질서한 감각 세계가 주체를 가진 감각 세계로 발달해 간다. 그런데 간지럼을 연구한 사람들은 자아와 타인의 분리를 경험하는 시기가 그보다 더 이르다고 한다. 간지럼의 경우 자기가 자신의 몸을 간지럽게 할 수 없고, 오직 타인만이 간지럼을 유발할 수 있다는 사실을 증거로 든다. 그렇게 본다면 간지럼을 느끼는 시기가 생후 4~5개월부터이므로 1년보다 훨씬 전에 감각적으로는 자아가 분리된다는 것이다. 그러나 아직은 생후 1년이 되어야 비로소 엄마와 분리된 자기의식을 가진다는 것이 일반적 견해다.

성장기에서 가장 큰 사건 중 하나는 두 발로 서는 것이다. 이는 감각의 발달에도 중요한 전환점이다. 아이들은 대부분 12개월이 되면 혼자 걷는다. 설 수 있다는 것은 1년 동안 성숙한 중력감각과 근육과 관절감각이 통합되어 얻어진 산물이다. 서기는 눈과 목 근육을 포함한 모든 신체감각이 통합됨으로써 가능하다. 그리고 2세가 되면 아이는 자신의 삶을 스스로 주관할 수 있다고 느끼며, 세상을 알고 있다고 여긴다. 이때 자신의 독립성을 '싫어' 라는 단어를 사용하여 표현한다.

## 음악 감각의 발달

작곡은 네 살부터 가능하다 | 음악 발달은 12개월까지는 언어 발달과 구별하기 어렵다. 그러다 12~15개월 이후면 노래할 때 모음을 늘이는 등 점차 말과는 다른 노랫말을 하기 시작한다. 그러나 노래할 때 멜로디의 윤곽을 따라 한다고는 해도 아직은 음 사이의 간격이나 높이가 일정하지 않다. 이 시기에는 멜로디가 단지 윤곽에 불과해 말의 억양이 오르락내리락하는 것이라고 느낄 뿐이다. 이 시기에 음악이란 단지 억양과 리듬이 보통 말과는 다른 말에 대한 경험이다.

두세 살이 되면 비로소 리듬에 맞춰 몸을 움직이기 시작한다.

그러나 아직 정확하게 박자를 맞추지는 못한다. 음악에 박자를 맞춰 보기는 하지만 들리는 음악과 따로 노는 박자를 만들어 내면서 틀렸다는 것을 모른다. 그러나 음악을 즐길 줄은 안다. 어떤 경우엔 음악이 시끄러워지면 더 빠르게, 약해지면 느리게 몸을 흔든다. 계속 템포를 바꾸며 가끔씩이나마 정확한 박자를 맞추는 아이들도 있지만 그건 우연일 뿐이다.

아이들이 여러 음악에 익숙해지면서 음악이 점차 언어에서 분리되어 나온다. 대부분의 아이들이 자신이 속해 있는 문화권의 음악을 따라 하기 시작하는 나이는 대략 3~4세다. 이전까지는 멜로디의 윤곽이 높낮이에 어울리는 한 전혀 다른 멜로디도 같은 것으로 받아들이지만 3~4세 이후에는 개별적인 음정이 확실한 시간 간격을 두고 구성되어 있다는 것을 알고, 정확한 음정과 지속 시간을 기억한다. 그래서 대략 네 살 정도가 되면 노래를 배워서 부를 수 있다. 이전에는 자기 멋대로 노래를 흥얼거렸지만 이제는 주위에서 듣는 노래를 학습할 수 있다.

4세 아이들의 마음에는 음악 창작 과정에서 나타나는 음악적 감흥이 일어나며, 그 무렵 음악을 자유롭게 실험해 보기도 한다. 모차르트가 작곡을 시작한 나이는 5세였으며, 생상스는 이미 3세에 작곡을 하였다. 이 나이가 되면 꼭 음악 천재가 아니더라도 대부분 자신만의 작품을 만들 수 있다. 물론 정확한 음표를 사용하지는 못하기 때문에 불완전하다. 그런데 아이들에게 용기를 북돋아 주고 음의 높낮이를 구별하는 기술이나 작곡에 필요한 다른 기술들을 가르치면 네 살 먹은 아이들의 절반 정도는 자신만의 음악을 자연스럽게 작곡할 수 있다.

이 시기는 절대음감이 발달하는 시기이기도 하다. 4세 이전에 음악 교육을 시작한 음악가들의 경우 40%가 절대음감을 가지고 있었지만, 9세 이후에 시작한 음악가들은 단지 3%만이 절대음감을 가지고 있었다. 이는 절대음감에 대한 조기교육이 중요하다는 의미일 수도 있고, 천성적으로 절대음감을 가진 아이들이 음악을 빨리 시작하여 나타난 결과일 수도 있다. 일반적으로 훈련을 통해 절대음감을 효율적으로 발달시킬 수 있는 나이는 4~7세다. 이 시기가 지나면 뇌신경은 이미 자신이 접해 온 음악 문화에 따른 상대적인 지각을 선호하기 때문에 절대음감 훈련이 어려워진다.

6세가 되면 이제는 정확하게 박자를 맞추고, 음정을 정확하게 알고 기억한다. 상대음감의 능력을 갖추기 시작하는 것이다. 이전에는 노래를 부르는 동안 나타나는 불협화음을 알지 못한 채 계속 조성調性을 바꾸었지만 7~8세가 되면 장조와 단조를 구별하기 시작하고, 10세가 되면 두 개의 병행 성부를 각각 따라 할 수 있게 된다. 하모니에 대한 이해는 12세가 되어야 가능한데, 영원히 불가능한 사람도 있다. 12세는 언어 습득에 결정적인 연령이기도 하다. 열두 살 이전에 언어를 배우지 못하면 나중에 아무리 훌륭한 교육을 받아도 언어를 배울 수 없다.

# 시각의 발달

뇌에서 시각을 담당하는 신경은 태어나면서부터 계속 성장하여 6세가 되면 시력이 완성된다. 두 눈에 의한 입체적인 시각은 조금 더 성숙이 필요하여 8세가 되어 완성된다. 고양이를 대상으로 한 실험에 의하면 한쪽 눈을 가리면 그 눈에 해당하는 뇌신경이 발달하지 못한다. 이 시기는 생후 4~10주이고 일단 이 시기가 지나면 눈을 가리더라도 시력이 나빠지지 않는다. 즉 4~10주 이전에 시각 자극이 주어지지 않으면 시각을 담당하는 뇌가 발달하지 못하기 때문에 눈에 들어오는 이미지를 지각하지 못한다. 이 시기는 동물마다 다르다. 원숭이는 이 시기가 좀 늦게 오는 편으로, 대략 생후 몇 개월에 시작하여 1년 이내에 끝난다. 인간은 더 늦은 시기에 온다. 인간에게는 눈을 가리는 실험을 할 수 없지만 사시나 근시 환자에 대한 연구를 통해서 간접적으로 알 수 있다. 사시나 근시가 있어서 망막과 뇌신경에 자극이 제대로 전달되지 않으면 약시가 된다. 사시가 있으면 한쪽 눈은 약시가 되는 경우가 많아서 사시를 치료할 때 좋은 쪽 눈을 가리고 시력이 약한 눈으로 보게 하는데, 이는 그 눈의 시력을 회복하기 위한 것이다. 이러한 치료는 시기가 빠를수록, 즉 나이가 어릴수록 효과가 크며 시기가 늦을수록 효과도 적고 시간도 많이 걸린다. 6~7세 이후에는 이러한 치료가 거의 효과가 없는 것을 보면 시각을 담당하는 뇌신경은 6~7세 이전에 발달이 끝나는 것으로 보인다.

# 미술 감각의 발달

| 기어 다니는 아이에게

크레용을 쥐어 주면 살펴보고 만지다가 결국은 입으로 맛을 본다.
크레용으로 그림을 그리기 시작하는 나이는 두 살 정도다. 두 살
이 지난 아이들은 아무 곳에나 그림을 그리려고 하는데, 그 끼적
거린 그림을 통해 자신의 근육 운동을 경험한다. 세상의 모든 아
이들은 끼적거리는 것으로 그림을 그리기 시작한다. 끼적거리는
선이 형태를 갖추는 때가 4세다. 이때 아이들이 그리는 사실적인
표현의 첫 상징은 대부분 사람이다. 사람은 전형적으로 머리를 나
타내는 하나의 원과 다리나 몸통을 나타내는 세로 선 두 개로 그
려진다.

두 눈이 협동하여 사물을 입체적으로 보는 능력은 8세가 되어
야 완성되는데, 멀리 있는 대상을 작게 그리는 기법은 11~13세
된 아이들의 그림에서 나타난다. 그 무렵 원근법에 기초한, 거리
에 따른 크기의 차이를 알 수 있다. 이제야 비로소 뇌가 이차원적
인 망막에 맺힌 이미지에서 삼차원적인 세계를 지각할 수 있다.

인간의 망막에는 위아래가 뒤집힌 이차원적 이미지가 맺히지
만 우리는 삼차원의 세상을 보고 있다고 생각한다. 망막에 주어
진 이차원적 정보를 뇌에서 삼차원적으로 재구성하기 때문이다.
이는 당연한 것 같지만 태어나면서 저절로 생기는 능력은 아니
다. 나무가 빽빽한 열대우림에서 평생 살았던 사람은 시야가 넓
게 펼쳐진 야외로 나오면 새로운 세계에 적응하지 못한다. 이들

은 거리 감각이 제한적이기 때문에 멀리 보이는 산꼭대기도 손을 내밀어 잡으려 한다. 이처럼 공간을 지각하는 능력은 타고나는 것이 아니다.

## 평형감각의 발달

**가장 원초적인 감각** | 성장 과정의 아이들은 운동을 통해서 중력 감각을 발달시킨다. 머리를 들어 올리면서 중력이 머리를 무겁게 한다는 것을 느끼고, 새로운 움직임을 시도할 때마다 중력의 작용은 절대 변화시킬 수 없음을 배운다. 지구상에서 중력을 피할 방법은 없으며 중력에 적응해야만 두 발로 설 수가 있고, 나무에도 오를 수 있으며, 공을 이용한 놀이를 할 수 있다는 것을 몸으로 느낀다.

아이들이 중력을 자신의 감각 체계에 통합해 가는 과정은 즐거운 놀이다. 부모들은 중력 놀이를 이용하여 아이들을 보살핀다. 보채는 아이는 흔들어 주면 진정된다. 고아원에 있는 아이들이나 어미에게 버림받은 원숭이들이 종종 몸을 오랫동안 흔드는 것도 정신적인 갈등을 조금이나마 위안받고자 하는 본능적인 행동이다.

몸의 움직임이 항상 즐거운 것은 아니다. 일부 아이들은 차를 타거나 배를 타면 멀미를 한다. 그런데 2세 미만의 아이들은 멀미를 하지 않고, 3세가 지나야 멀미가 나타나며, 12세 이후로는 점차 줄어든다. 이는 2세 이전까지는 전정 기능이 아직 미숙하다는 것을 의미한다.

여덟 살이 되면 평형감각은 거의 완성되는 것 같다. 이제 한 발로 균형을 잡을 수 있으며, 운동 능력은 더욱 발달한다. 많은 아이들은 놀이공원에 있는 미끄럼틀, 롤러코스터 등 전정신경을 자극하는 놀이를 즐긴다. 이러한 즐거움은 성인이 되면, 비행, 공중 다이빙, 자동차 경주 등과 같은 취미로 발전한다. 이러한 전정 자극은 흔들의자에서 느끼는 안락함과는 다른 각성 효과다. 전정 자극에 대해 사람마다 다른 반응을 보이는 것은 전정신경의 반응도와 관계된 것으로 보인다. 전정신경 자극에 대한 반응이 낮은 사람들이 롤러코스터와 같은 강도가 강한 감각 자극을 즐긴다.

평형감각은 피부감각과 더불어 가장 원초적이고 가장 중요한 감각이다. 시각, 청각, 후각, 미각은 없어도 살 수 있지만 평형감각이나 피부감각이 없으면 생존 자체가 위협받는다. 이것이 역설적으로 피부감각이나 평형감각이 다른 감각에 비해 주목을 받지 못하는 이유다. 생존에 중요한 만큼 장애가 적게 발생하기 때문이다.


# 촉각의 발달
## 스킨십과 애정의 상관관계

자아와 환경이 분리되는 피부감각을 느끼는 것은 태어나서 1년이 지나서이지만 이후에도 피부감각은 계속 발달한다. 일반적으로 7~8세가 되면 촉각은 거의 성숙되어,

자기 몸의 어디에 뭔가가 닿았는지 매우 정확하게 말할 수 있다. 그동안 엄마와 피부를 접촉하는 행위는 촉각뿐만 아니라 정서적 안정감도 발달시킨다. 엄마는 아이가 울면 안아 주고 달래어 정서적 안정감을 준다. 그러나 20세기 초반만 해도 우는 아이를 안아 달래 주는 것이 아이를 망치고 독립심을 키우지 못하게 하기 때문에 아이를 울게 그냥 내버려 두라고 했다. 그것이 20세기 초반 심리학의 큰 흐름이던 행동주의다. 행동주의란 아이를 파악하는 데 중요한 것은 행동이고, 그 행동을 유발하는 조건을 조절하면 행동이나 성격을 변화시킬 수 있다는 이론이다. 따라서 아이의 욕구나 감정과 같은 내면적인 현상은 별로 중요시하지 않는다. 행동주의 심리학의 대표자인 왓슨<sup>J. B. Watson</sup>은 1928년에 "아이를 안거나 아이에게 뽀뽀하지 말 것. 무릎에 앉히지도 말 것. 뽀뽀가 필요하다면 잠들기 전에 한 번으로도 충분하다."라고 했다. 당시 학계의 이러한 주장은 아이와 일상적으로 접촉해 온 부모들한테는 고통이었다.

그러나 이러한 주장을 뒤집는 실험 결과가 1958년에 발표되었다. 할로<sup>H. Harlow</sup>는 원숭이 실험으로 촉각과 정서적, 사회적 기능의 관계를 밝혔다. 실험에서 어린 원숭이들은 태어나자마자 어미 원숭이에게서 분리되어 6개월 동안 인형 대리모와 함께 지냈다. 인형에 젖병을 달았기 때문에 이들 인형을 대리모라고 불렀는데, 인형은 하나는 철사로, 다른 하나는 부드러운 헝겊으로 만들었다. 그리고 어린 원숭이들이 어떤 인형과 시간을 많이 보내

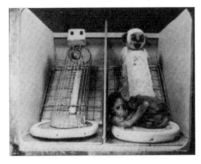

는지를 관찰했더니, 원숭이들은 어떤 인형이 먹이를 주던 간에 헝겊 대리모와,더 많은 시간을 보냈다. 할로는 아기 원숭이가 엄마와 애착을 형성하는 데 편안한 촉감이 중요한 요인이라고 결론 내렸다. 그의 연구는 과거 행동주의 심리학자들의 이론을 바로잡는 역할을 했다.

영장류인 인간은 다른 원숭이들과 마찬가지로 스킨십을 통해 타인과 유대를 쌓는다. 원숭이의 털 고르기와 마찬가지로 사람과 사람이 접촉하는 행위는 강한 애정을 동반한다. 촉각의 발달 과정에서 적당한 스킨십이 결핍되면 사춘기 이후 충동성, 공격성, 자폐적인 성향 등을 초래할 수도 있다.

# 미각의 발달
아이들의 입맛은 어른들과는 다르다 | 생후 12개월이 지나 뒤에

금니를 제외한 젖니가 다 나면서 아이는 먹을 수 있는 음식의 종류가 다양해지고, 식탁에서 엄마, 아빠와 함께 음식을 먹을 수도 있다. 이제 점차 부모가 일방적으로 떠먹여 주는 것을 받아먹기만 하지 않고 자신이 적극적으로 음식을 고르기 시작한다. 이때 아이들은 일반적으로 자극이 약한 밋밋한 음식을 선호한다.

1980~1990년대 프랑스의 한 탁아소에서 만 2세에서 3세 사이의 아이들에게 자신이 먹을 점심식사를 직접 고르게 해 봤다. 메뉴에는 빵이나 감자와 같이 녹말로 만든 음식, 생선이나 쇠고기 등의 어육류, 과일과 야채, 치즈 등이 포함되어 있었다. 아이들은 모두 설탕을 좋아한다고 알려져 있었기 때문에 달콤한 요리는 포함시키지 않았다. 17년간 420명의 아이들이 평균 110번의 식사를 했는데, 그 결과를 보면 아이들은 녹말로 된 음식과 육류를 선호했다. 그러나 고기 종류는 거의 구별하지 못했고, 돼지고기, 칠면조고기, 쇠고기 등을 거의 무차별적으로 선택했다. 질긴 섬유질이 많이 들어 있는 음식은 거부했고, 쓴맛이 나는 것도 싫어했다. 또 아이들이 좋아한 치즈는 맛이 거의 없거나 부드러운 것이었다. 이 연구를 통해서 아이들이 좋아하는 음식은 어른들하고는 다르다는 것을 확인할 수 있었다.

아이들은 전반적으로 열량이 높고 부드러운 음식을 좋아하고, 야채는 싫어한다. 대략 75%의 아이들이 야채를 기피한다. 그리고 신맛을 즐기기 시작하는 연령은 5~9세로, 이 시기가 되면 고농도의 새콤한 맛을 좋아한다. 그러나 여전히 쓴맛이나 떫은맛에 대한 거부감은 강하다. 아마도 떫은맛은 독성과 관련됐을 가능성이 있기 때문에 성장기에는 이를 거부하도록 진화한 것 같다. 열매를 먹는 원숭이도 마찬가지다. 원숭이들은 단맛을 고에너지 분자인 설탕과 동일하게 느끼고, 쓴맛은 독성 알칼로이드를 함유한 식물과 동일하게 느낀다.

사춘기 아이들도 어머니가 임신 중 먹던 음식이나 영아기 때 좋아하던 음식을 선호한다. 그러다 대략 17~21세 사이에 음식 선호도의 급격한 변화를 겪는다. 변화에 가장 큰 역할을 하는 요인은 어떤 음식에 노출되느냐다. 사회·문화적 환경에 따라 접하는 음식이 달라지고, 특정 음식을 먹어야 하는 사회적인 압력 등에 의해 커피나 맥주와 같은 쓴 음식도 좋아하게 된다. 그러나 여자는 남자에 비해 쓴맛에 대한 거부감이 약해지지 않는다. 사춘기에는 쓴맛에 예민해지고, 또 임신했을 때도 쓴맛에 더욱 민감해진다. 이는 어린이와 마찬가지로 임신 중 태아를 보호하기 위해 쓴맛과 떫은맛에 예민하도록 진화한 것으로 생각된다.

# 근시

**성장기의 감각장애** | 신생아의 눈알(안구) 길이는 1.7cm인데 이후 3년간 0.4cm가 길어지고, 이후에는 매년 0.01cm씩 길어져 14세에 이르면 성인의 크기인 2.4cm에 도달한다. 근시는 키와 눈알이 성장하는 시기에 생기는데 우리나라 어린이 근시의 대부분은 초

등학교 입학 전후에 시작해서 사춘기까지 서서히 근시도수가 증가한다. 보통 근시가 갑자기 증가하는 시기는 초등학교 4~6학년과 중학교 2~3학년의 두 시기다.

세계적으로 최근 30~40년 동안 근시가 아주 빠르게 증가하였다. 우리나라도 마찬가지다. 2000년에 학생들을 대상으로 실시한 신체검사 결과에 의하면 초중고생의 40%가 근시였는데, 그보다 10년 전의 15%에 비하면 많이 증가한 수치다. 근시는 유전성이 80% 정도로 유전성이 매우 강한 감각장애인데 최근 세계적으로 급격히 증가하는 것은 환경 요인 때문이다. 환경적인 영향 중 가장 많이 알려진 요인은 교육이다. 교육 기간이 길고 학교 성적이 좋은 집단일수록 근시의 비율이 높아진다. 가까운 거리에 있는 책을 보려면 두 눈이 가운데로 모아져야 하고 수정체가 두꺼워져야 한다. 이 과정에서 눈을 움직이는 근육과 수정체의 두께를 조절하는 모양체 근육이 과도하게 긴장되어 눈의 겉을 둘러싸고 있는 공막을 자극하고 눈알이 커진다. 따라서 독서와 같은 근거리 작업은 근시를 유발할 수 있다.

오랜 시간 가까이 보게 해서 근시를 만들었다는 동물실험 연구도 있다. 이 실험에서는 1평방미터 너비의 우리에 동물을 가두어 하루 열두 시간 이상 1m 정도만 보게 해서 근시를 생기게 했다. 이 실험 결과에 의하면 평생 하루 열두 시간 이상 시계를 가까이 보며 작업을 하는 시계수리공과 같은 경우는 근거리 작업 자체가 근시를 유발했을 수 있다. 그러나 공부를 많이 하는 학생이라도 그렇게 오랫동안 책을 보는 경우는 드물다. 실제로 공부 시간이라고 해서 책을 계속 보는 것은 아니다. 근시가 잘 생기는 중학생들이 책을 보는 시간은 하루 평균 3~6시간에 불과하다. 따라서 독서가 근시를 유발했다고 단정할 수는 없다. 또 그 인과관계에 따르면 수정체와 모양체 근육이 과도하게 긴장하지 않게끔 하면 근시가 예방되어야 하는데, 그렇지는 못했다. 결국 근거리 작업이 근시와 연관이 있다는 증거가 있기는 하지만 근거리 작업 자체가 근시를 유발했다고 단정할 수는 없다.

망막에 선명한 상을 맺지 못하면 근시가 잘 생긴다. 선천적으로 눈을 제대로 뜨지 못하는 기형이 있거나 선천성 백내장으로 앞을 보지 못하는 신생아는 근시, 특히 고도근시가 된다. 망막에 영상이 선명하게 맺히지 못하면 눈이 더 길게 자라기 때문이다. 이는 닭, 토끼, 원숭이 등을 대상으로 한 실험에서 확인되었고, 사람에게서도 관찰되었다. 그런데 뇌로 정보를 전달하는 신경을 절단하면 눈의 과도한 성장이 중지되는 것으로 보아, 흐릿한 영상이 망막에 맺힐 때 뇌가 눈에 눈을 커지게 하는 어떤 신호를 보내는 것으로 생각된다.

근시를 유발하는 다른 환경 요인은 도시 생활이다. 시골과 도시 지역의 근시 발생을 비교한 연구에 의하면 시골 지역 사람들이 근시가 적었다. 먼 거리를 보거나 야외에서 많이 활동하는 생활이 근시를 예방하는 것으로 보인다. 눈이 먼 거리를 바라볼 때는 수정체가 빛의 굴절을 조절할 필요가 없기 때문에 눈에 긴장이 훨씬 적어진다. 그래서 먼 거리를 보는 시간이 줄어들고 가까운 거리를 바라보는 시간이 길어지면 근시가 될 수 있다. 이것이 도시와 농촌에서 근시 발생률에 차이가 나는 요인일지도 모른다. 또 시골에서는 낮에 야외 활동을 많이 하기 때문에 빛에 노출될 기회가 많다. 밝은 환경에서는 동공이 작아지면서 더 선명한 상이 만들어진다.

눈에는 낮에는 밝은 빛이, 밤에는 어두운 환경이 좋다. 어려서, 특히 태어나서 첫 2년 이내에 밤 시간 동안 빛에 많이 노출되면 근시가 잘 발생한다는 연구 결과도 있다. 동물실험에 의하면 낮과 밤이 12시간:12시간의 비율에서 많이 벗어난 환경에서는 눈이 정상적으로 성장하지 못한다. 캄캄한 밤이 매일 최소한 4~6시간 이상 지속되어야 눈이 정상적으로 성장할 수 있다고 한다. 그러니 도시의 밤이 너무 밝은 것도 근시 발생률 증가에 기여할 수 있다.

지난 50년 동안 환경적인 요인의 영향으로 근시 발생은 증가하고 있다. 동아시아의 일부 국가에서는 환경적인 압력이 젊은 세대의 대부분을 근시로 내몰고 있다. 가히 근시 유행병이라고 할 만하다. 세계 각지마다 근시의 발생은 다르게 나타나는데, 이는 유전적인 차이보다는 사회적·환경적인 차이에서 비롯된 것으로 보인다. 대체로 인종을 불문하고 특별한 환경에 노출될 때 근시가 증가한다. 근시가 환경의 영향을 많이 받는다고 해서 급속히 증가하는 근시의 비율이 다시 줄어들 것 같지는 않다. 도시화와 교육에 대한 열의가 줄지 않을 것이기 때문이다. 앞으로는 대부분의 사람들이 근시가 될 수 있다. 이러한 상황은 벌써 동아시아에서 두드러지게 나타나고 있으며 비록 속도는 느리지만 세계 다른 지역에서도 나타나고 있는 현상이다.

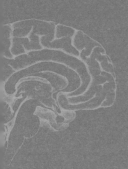

# 6
—

—

시각

눈 안쪽에 있는 망막은 신경계가 직접적으로 연속된 구조다. 감각기관은 대부분 피부의 일부가 변형-발달되어 뇌와 연결되면서 만들어지지만 눈은 뇌의 일부가 피부로 뻗어 나오면서 만들어진다. 마치 호기심에 찬 뇌가 바깥세상을 향해 뻗어 나온 것과 같다. 사실 눈은 얼굴에서 가장 눈에 띄는 감각기관이기도 하다.

시각이 다른 감각기관과 다른 특징은 또 있다. 시각은 그 자체로서 눈에 비추어진 감각 경험을 말로 표현하고 설명할 수 있다는 점에서 독보적이다. 우리가 다른 감각기관의 경험을 언어로 표현할 수 있는 것도 시각 덕분이다. 그런데 시각 경험을 다른 감각 경험으로 설명하기는 어렵다. 즉 우리가 눈으로 본 코나 귀의 형태나 구조는 말로 표현할 수 있지만 후각이나 청각 경험을 바탕으로 눈에 대해서 설명하기는 쉽지 않다.

시각은 인간의 사고 작용에 중요한 역할을 한다. 사람은 눈으로 물체를 인식하면서 동시에 사고를 한다. 인간이 사유하는 방식은 눈이라는 감각기관에 많이 의존한다. 냄새나 맛을 이야기하면서도 우리는 음식이나 코, 입의 시각 이미지를 무의식적으로 떠올린다. 시각장애가 있는 사람들이 생각하는 방식도 눈으로 사물을 인지할 수 있는 다른 사람들의 도움을 받아서 형성된다. 만약 맹인들만 사는 세계를 가정하면 이들의 사유 방식은 현재 우리와는 많이 다를 것이다.

# 눈

**실제 이미지의 5%는 상상 이미지다** | 빛 입자인 광자는 동공을 통해서 눈으로 들어가 망막에 부딪친다. 동공 주변에 있는 갈색 원반을 홍채라고 하는데, 이것이 동공의 크기를 결정하고, 카메라로 치면 조리개 역할을 한다. 동공은 8mm까지 커질 수 있고 2mm까지 줄어들 수도 있는데, 우리의 의지대로 할 수는 없다. 동공의 크기는 빛의 양이나 감정 상태에 따라서 자동적으로 조절된다. 밝은 곳에서는 줄어들고 어두운 곳에서는 커진다. 또 흥분하거나 두려움을 느끼면 커지고 호감이 가는 상대를 볼 때도 자기도 모르게 커진다.

근시가 있는 사람은 사물이 잘 보이지 않을 때 눈을 찡그려 눈에 들어오는 주변부 광선을 제거하려 한다. 근시가 없는 사람도 구멍을 통해서나 눈을 가늘게 뜨고 사물을 보면 대상이 좀 더 선명하게 보인다. 동공이 커지면 동공의 가장자리를 통과한 광선과 중심부를 통과한 광선이 망막에 맺힐 때 같은 곳에 정확하게 초점을 맞추지 못하지만, 동공을 좁혀서 주변부 광선을 제거하면 선명한 이미지가 얻어지기 때문이다.

광자를 통해 전달되는 외부 사물의 이미지는 망막에서 전기 신호로 바뀐다. 전기 신호는 빛이 망막에 있는 색소에 흡수될 때 발생하는데, 색소를 함유한 세포는 망막에 막대세포(간상세포)와 원뿔세포 두 종류가 있다. 이들 세포를 현미경으로 보면, 막대세포는 막대기처럼 생겼고, 원뿔세포는 원뿔형으로 생겼다. 사람의 눈에는 각각 막대세포가 1억 개, 원뿔세포가 6백만 개가 있다.

두 종류의 세포는 서로 다른 자극에 반응하는데, 막대세포는 빛의 세기에 반응하고 원뿔세포는 색에 반응한다. 이들 세포에서 형성된 전기 신호는 일단 신경절세포에 모아진다. 하나의 눈에는 150만 개의 신경절세포가 있는데, 이들 세포에서 나온 신경섬유 다발이 시각신경을 이루어 뇌로 들어간다. 신경섬유 다발의 숫자는 디지털카메라의 화소 단위로 생각할 수 있다. 그런데 디지털카메라의 경우 150만 화소로는 이미지가 너무 거칠게 보이므로, 신경섬유에 담긴 정보는 디지털카메라와는 다른 방식으로 처리될 것이다.

고개를 움직이지 않고 우리가 눈으로 볼 수 있는 세계는 좌우 100도, 위로 60도, 아래로 75도의 범위에 국한된다. 즉 좌우 공간은 (100 × 2)/360 = 56%만 볼 수 있고, 위아래 공간은 (60 + 75)/360 = 38%만을 볼 수 있다. 전체 공간의 절반도 보지 못한다. 게다가 가장 선명한 물체의 이미지는 눈앞의 일부에 한정된다. 망막이 전체적으로 균일하지 않기 때문이다. 밝은 빛에 반응하는 원뿔세포는 망막에 골고루 분포되어 있는 것이 아니라 망막의 가운데에 밀집되어 있다. 이곳에 이미지가 맺힐 때 제일 선명한 이미지가 생기는데, 이곳이 황반의 중심오목이다. 정면을 바라보면서 팔을 앞으로 뻗었을 때 엄지손가락 폭이 눈을 기준으로 대략 1.5~2도인데, 이것이 중심오목의 시각 각도다.

우리가 보고자 하는 부분은 항상 중심오목에 있다. 책을 읽을 때 눈이 고정된 상태로 한 번에 읽을 수 있는 글자의 수는 대략 대여섯 자다. 그 정도가 중심오목의 시각 각도 안에 들어가며, 다른 글자를 보려면 눈을 움직여야 한다.

선명한 이미지를 얻으려면 눈은 항상 움직여야 한다. 실제로 시선이 한 곳에 정지해 있는 시간은 매우 짧다. 만약 의식적으로 시선을 고정시키면 처음에는 선명하게 보이던 물체가 곧 뿌얘진다. 그러다 눈을 약간 움직이면 다시 선명해진다. 시각신경은 같은 자극에 쉽게 피로해지기 때문이다. 물체의 이미지가 흐려지는 데는 상황에 따라 1분 이상이 걸릴 수도 있고, 1초가 채 걸리지 않을 수도 있다.

책을 읽을 때에도 눈은 매우 빠른 속도로 움직인다. 정지해 있는 시간은 0.12~0.13초에 불과하다. 그런데 눈이 빠르게 움직일 때는 시각이 순간적으로 억제되어 시각 정보가 처리되지 못한다. 역설적이게도 눈이 움직이는 상태에서는 볼 수 없기 때문에 우리는 사물을 정확히 볼 수 있다. 만약 눈이 움직일 때에도 우리가 세상을 볼 수 있다면 세상은 걸으면서 찍은 비디오의 흔들리는 화면처럼 보일 것이다. 이런 화면은 어지러워서 화면의 내용을 제대로 볼 수가 없다. 그러나 우리가 실제로 걸으면서 보이는 세계는 흔들리지 않는다. 눈이 움직이는 동안 들어오는 시각 정보는 억제되기 때문이다.

우리는 우리의 눈이 움직이는 것을 눈으로 직접 확인할 수 없다. 거울로 자기 왼쪽 눈과 오른쪽 눈을 번갈아 볼 때 자신의 눈이 움직이는지 확인해 보라. 거울에는 정지된 상태만 보인다. 그러나 우리 눈에는 항상 사물의 움직임이 연속적인 장면으로 보인다. 이는 눈이 움직여서 보이지 않는 동안은 뇌에서 앞뒤의 시각 정보로 채워 넣기 때문이다. 눈을 깜박이는 0.1초의 순간, 즉 눈을 감고 있는 시간에도 이러한 채워 넣기가 작동한다. 하루 동안 눈의 운동이나 눈 깜박임으로 볼 수 없는 시간을 모아 보면 자그마치 60~90분에 달한다. 따라서 우리 눈이 실제로 본다고 생각하는 이미지의 5% 정도는 상상의 이미지인 셈이다.


# 시각신경 = 시신경

**시각 정보가 뇌에 이르기까지** | 양쪽 눈에서 나온 시각신경은 뇌

의 밑바닥에 있는 시신경교차optic chiasm에서 교차한다. 우리 몸에서 뇌로 신경이 올라갈 때 대부분은 좌우가 교차한다. 시신경도 다른 신경들처럼 오른쪽과 왼쪽 신경이 서로 교차하기는 하지만 그 방식은 다르다. 오른쪽 눈에서 들어오는 자극은 모두 왼쪽 뇌로 가고 왼쪽 눈에서 들어오는 자극은 모두 오른쪽 뇌로 가는 것이 아니고, 두 눈으로 정면을 바라볼 때 왼쪽 시야에서 들어오는 자극은 오른쪽 뇌로 가고 오른쪽 시야에서 들어온 자극은 왼쪽 뇌로 간다. 즉 절반만이 교차한다. 두 눈이 몸통의 정반대쪽에 붙어 있어서 입체 시각이 의미가 없는 물고기나 파충류는 완전 교차한다. 흥미롭게 개구리는 올챙이 때는 완전 교차였다가 성장하면서 사람처럼 절반만 교차한다.

시신경교차를 지난 시각신경의 20%는 중간뇌(중뇌)midbrain의 위둔덕(상구)superior colliculus으로 가고, 80%는 시상thalamus을 거쳐 뒤통수엽(후두엽)occipital lobe으로 간다. 뒤통수엽에는 시각 정보를 일차적으로 받아들이는 피질이 있다. 이를 일차시각피질이라 한다. 일차시각피질에서 분류된 정보는 다시 좀 더 분화된 영역으로 전달되어 색, 형태, 움직임 등을 지각한다.

시각신경의 중간뇌-위둔덕은 진화론적으로 오래된 경로이고, 어류, 양서류, 파충류에서 중요한 시각 처리 중추다. 뒤통수엽을 거치는 시각신경은 진화론적으로 새로운 경로라고 할 수 있는데, 인간을 포함한 영장류에서 발달했다.

진화론적으로 오래된 신경 전달 경로는 눈의 자동적인 움직임을 조절한다. 이는 자동적인 반사 체계로, 일종의 조기 경보 체계라고 할 수 있으며, 우리가 의식적으로 조절할 수 없다. 가령 어떤 물체가 옆으로 갑자기 다가오면 자동적으로 눈이 그쪽으로 돌아가고 머리와 몸을 돌려 그 대상을 보게 된다. 그 대상을 의식하는 것은 머리를 돌린 다음에 발생한다. 즉 중간뇌-위둔덕 경로는 잠정적으로 중요한 대상을 눈의 중심오목에 맞추려는 반사 행동이다. 눈에 빛을 비추면 동공이 자동적으로 줄어드는 과정도 이 경로로 이루어진다.

## '어디에'와 '무엇' 경로

### 반사적 행동을 위한 시각과 지각을 위한 시각

일산화탄소 중독으로 뇌의 일부가 손상되어 앞을 보지 못하는 환자가 있었다. 바로 눈앞에 있는 물체가 무엇인지 혹은 몇 개인지도 알 수 없었다. 그러나 눈앞에 막대를 들이대자 그 막대는 정확히 잡았다. 그것도 그가 잡으려고 뻗은 손가락의 폭이 정확히 그 막대의 두께와 일치했다. 즉 그는 막대를 보지는 못하지만 잡을 수는 있었다. 어떻게 이런 현상이 나타날 수 있을까? 이는 사물의 형태를 알아보는 시각과 사물의 움직임을 인식하는 시각을 담당하는 영역이 다르다는 것을 의미한다.

망막-시신경을 통해 들어온 정보는 뒤통수엽의 일차시각피질에서 일차적으로 처리된 다음 다시 두 개의 흐름으로 나뉜다. 하나는 마루엽으로 이어지는 '어디에<sup>Where</sup>' 경로이고, 다른 하나는 관자엽으로 이어지는 '무엇<sup>What</sup>' 경로다. '어디에' 경로는 사물의 공간적 위치와 방향을 파악하고, '무엇' 경로에서는 대상이 무엇인지를 확인한다.

공간적 시각은 우리가 걸어 다닐 때 어디에 부딪히거나 빠지지 않게 해 주고, 우리에게 날아오는 물체를 피하거나 잡을 수도 있게 해 준다. 바로 '어디에' 경로의 신경계가 담당하는 부분이다. 반면 '무엇' 경로의 신경계에서는 "지금 보고 있는 것이 고양이인가, 개인가? 이 얼굴은 친구인가, 적인가? 이것이 아름다운가, 추한가?" 등과 같은 정보를 판단한다.

실험적으로 원숭이의 '무엇' 경로 신경계인 관자엽을 제거해 보았다. 이 원숭이는 걸어 다닐 수도 있고 벽에 부딪치는 것도 피할 수 있었지만, 사물에 대한 분별력이 없어졌다. 불이 붙은 담배나 면도날을 주면 입에 넣고 씹으려 했고, 닭이나 고양이 심지어 사람 위에 올라타려고 했다. 성욕이 과도해졌다기보다는 분별력을 잃은 것이다. 이렇게 관자엽이 없으면 어떤 대상의 의미나 중요성을 파악하지 못한다.

우리가 사물을 단지 바라만 볼 때는 관자엽의 '무엇' 경로만 활성화되지만 그 물체를 잡으려는 행동을 할 때는 마루엽의 '어디에' 경로도 같이 활성화된다. 〈그림 6-1〉에서 가운데 있는 중간 크기의 두 원은 크기가 동일하다. 그러나 큰 원에 둘러싸인 원이 작은 원에 둘러싸인 원보다 작아 보인다. '무엇' 경로에 의한 지

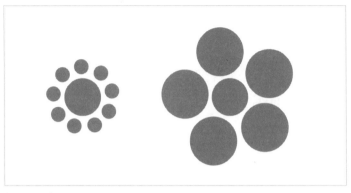

| 그림 6-1 | 가운데 중간 크기의 두 원은 크기가 동일하다. 그러나 큰 원에 둘러싸인 원이 작은 원에 둘러싸인 원보다 작아 보인다.

각은 상대적이며 주변 상황에 의존하기 때문이다. 그러나 우리가 가운데 원을 잡기 위해 손을 내뻗으면 손가락을 벌린 폭은 두 경우 모두 같다. 즉 '무엇' 경로에서는 크기를 다르게 본다고 하더라도 '어디에' 경로는 크기를 정확하게 지각한다. 그래서 '무엇' 경로는 지각을 위한 시각이고, '어디에' 경로는 행동을 위한 시각이다. 행동을 위한 시각이라는 의미로 '어디에' 경로는 '어떻게' 경로라고도 불린다.

프로야구 선수들이 시속 150km로 날아오는 공을 칠 때 '공이 오른쪽으로 날아오고 있으니 공을 이렇게 쳐야지.' 하고 생각하면서 공을 치지는 않는다. 그렇게 생각하고 공을 치다간 이미 늦는다. 대개 무의식적이고 본능적으로 공을 받아 친다. 농구 선수들에게 같은 자리에 서서 계속 공을 던지라고 해 보면, 눈을 감고도 매

번 골대에 공을 넣는다. 이렇게 위치와 방향을 무의식적으로 알아차리는 능력은 시각신경의 위둔덕과 마루엽 신경계가 작동하기 때문이다. 이는 반사적인 활동이기 때문에 의식적으로 노력하면 오히려 목표를 방해할 수도 있다. 한 예로 사격의 명수들은 목표물에 너무 집중하면 과녁의 중앙을 맞힐 수 없다고 한다.

우측 시각피질에 생긴 혈관 기형을 수술한 후에 왼쪽 시야를 전혀 볼 수 없게 된 환자가 있었다. 그러나 그는 희한하게도 왼쪽 시야에서 움직이는 물체의 방향은 알 수 있었다. 그 물체가 무엇인지는 모르지만 무엇인가가 있다는 느낌을 받는다고 했다. 그렇다고 눈을 돌려서 본 것도 아니었다. 아무것도 보이지 않기 때문에 그 자신도 어떻게 알게 되는지를 말로 표현할 수는 없었다. 무의식적인 경험인 셈이다. 어떻게 그것을 알 수 있냐는 물음에 대해서는 어떤 자극이 다가오거나 멀어지고 매끄럽거나 들쑥날쑥하는 느낌이라고만 했다. 단지 추측할 뿐이며 자신도 말로 표현할 수 없어서 답답하다고 했다. 이런 현상이 일어나는 것은 일차시각피질에 손상을 받아 시력을 잃었지만 방향을 알려 주는 원초적인 경로는 작동하기 때문이다.

가만히 서 있는데 빨간 공이 갑자기 자기를 향해 날아오면 그것이 무엇인지도 모르면서 일단 먼저 피한다. 이때 작용하는 영역이 위둔덕 경로를 통한 자동반사다. 여기에는 마루엽의 '어디에' 경로도 같이 작용할 것이다. 이 반사 행동은 날아오는 것이 무엇인지는 모르는 상태의 반응이기 때문에 무의식적인 행동이다. 이렇게 일단 그 물체를 피한 다음에 의식 단계인 '무엇' 경로가 작동하여 색과 형태를 지각하고, 움직이는 방향도 의식적으로 지각한다.

## 시각중추의 기능적 분화

**0.08초 사이에 시각피질에서 벌어지는 일** | 일차시각피질은 큰 세포층과 작은 세포층의 두 층으로 이루어져 있다. 큰 세포층은 시간 해상력, 즉 빠르게 움직이는 사물의 위치, 속도, 방향을 평가하고, 작은 세포층은 공간 해상력, 즉 사물의 형태, 크기, 색에 대한 자세한 분석을 담당한다.

큰 세포층은 관자엽의 중간부분<sup>MT, middle temporal area</sup>을 거쳐 마루엽으로 이어진다. 이것이 '어디에' 경로다. 작은 세포층은 관자엽의 아랫부분으로 연결되는데, 이것이 '무엇' 경로가 된다.

현재 '무엇' 경로에 해당하는 아래 관자엽 중 색을 지각하는 부위와 형태를 지각하는 부위는 알려져 있다. 색을 담당하는 부위는 관자엽의 아랫부분 안쪽에 있는 뒤통수관자이랑의 뒷부분이다. 형태를 지각하는 부위 중 현재 밝혀진 것은 사람의 얼굴을 알아보는 영역뿐인데, 뒤통수관자이랑에서 담당한다. 위치상 색을 지각하는 중추의 앞부분에 해당한다.

일차시각피질이 손상되면 앞이 보이지 않는다. 오른쪽 피질이 손상되면 왼쪽 시야를 볼 수 없고, 왼쪽 피질이 손상되면 오른쪽 시야를 볼 수 없다. 결국 맹인이 된다. 그러나 두 눈의 기능 상실로 인한 맹인과는 다르다. 눈으로는 정보가 들어오기 때문에 위급할 때 작동하는 '어디에' 경로, 즉 '어떻게' 경로는 온전하여 자기한테 날아오는 물체를 피하거나 잡을 수는 있다. 물론 그것이 무엇인지는 모른다.

일차시각피질만 온전하고 다른 세분화된 시각영역이 모두 망가지면 어떤 일이 일어날까? 그런 손상을 입은 환자가 있었는데, 그는 어떤 물체를 보고 그림은 그릴 수 있었다. 물론 시간은 많이 걸렸다. 그런데 자기가 그린 그림을 보고 무엇을 그렸는지 알지를 못했다. 이것을 인식불능증이라고 한다. 즉 볼 수는 있지만 자기가 본 것이 뭔지는 알지 못한다.

일차시각피질은 온전하지만 운동감지영역만 손상되면 정지된 물체는 볼 수 있어도 움직이는 물체는 볼 수 없고, 색각중추만 손상되면 색맹이 되며, 얼굴 인식중추만 손상되면 다른 물체는 알아봐도 사람 얼굴은 알아보지 못한다.

그러면 색, 형태, 움직임은 동시에 지각될까? 담당하는 영역이 다르기 때문에 시간적으로 다를 것이라고 예상할 수 있다. 일차시각피질이 손상된 환자에게서 이에 대한 단서를 찾을 수 있다. 30대 초반의 한 남자가 머리 뒷부분에 철봉이 관통하는 사고를 당해 오른쪽 뒤통수의 시각피질이 손상되었다. 그는 정면을 바라보고 있을 때 왼편 시야에 손바닥만 한 암점이 형성되었다. 즉 손바닥 크기만큼이 안 보였다. 그래서 간혹 화장실 입구에 있는 'WOMAN'

139

06 시각 | 시각중추의 기능적 분화

이라는 표지를 볼 때 'WO'는 안 보이고 'MAN'만 보여 여자 화장실로 들어가는 것과 같은 실수를 했다. 하지만 일상생활에는 큰 문제가 없었다. 사람 얼굴을 바라볼 때도 문제는 없었다. 이 사람의 암점은 빈 공간으로 남아 있지 않고 주위 배경에 의해 채워지기 때문이다. 그러나 사람 얼굴을 볼 때 주의를 집중하면 귀와 눈이 사라져 보이기도 한다고 했다.

암점이 어떻게 채워지는지를 알아보기 위해 이 사람에게 빨간 배경에 검은 점들이 반짝이는 모니터 화면을 보게 했다. 처음에는 암점이 생겼지만 이후 몇 초에 걸쳐 점차 암점이 빨간색으로 채워졌고, 그 다음 몇 초가 지난 후 점들이 채워지더니 마지막으로 반짝임이 채워졌다고 했다. 이 환자의 암점은 색깔, 무늬, 반짝임 등이 동시에 채워지는 것이 아니고 '색깔→무늬→반짝임'의 순서, 즉 '색→형태→움직임'의 순서로 채워진다는 것을 알 수 있다.

정상인의 시각 지각도 비슷할 것이라고 예상할 수 있는데, 정상인에게서 연구한 바에 따르면 시각 신호가 피질에 도달하기까지 걸리는 시간은 가장 빠른 경우 0.035초이고 대부분 0.07~0.08초 안에 도달한다. 정상인은 색, 형태, 움직임의 순서로 지각하고, 색은 움직임에 비해 0.06~0.08초 앞서서 처리한다. 즉 색, 형태, 움직임, 깊이 등이 따로따로 지각되는데, 이를 통합해서 이해하는 영역은 아직 발견되지 않았다. 뇌는 아마도 이들 영역의 상호 연결에 의해서 사물을 보고 이해할 것이다.

빨간 공이 자기에게로 갑자기 날아들 때 우리의 시각에서 벌어지는 상황을 0.01초 단위로 정리해 보면, 먼저 무의식적으로 피하고, 다음에 그것이 빨간색을 띤 물체임을 느끼고, 이어서 그것이 둥근 공이라는 것을 느낀 다음, 최종적으로 나에게 날아오고 있다고 알게 된다. 다만 우리의 뇌가 이러한 0.01초 단위의 시간 차이를 의식하지 못할 뿐이다.

.

## 정상적인 환상
**본다고 생각하는 것과 실제로 보는 것** | 망막에는 신경세포가 아예 없어서 이미지가 만들어지지 않는 부분이 두 군데 있다. 그 부분에서는 볼 수 없다는 말인데, 첫째는 망막에서 신경다발이 눈을 빠져나가는 부위로, 맹점盲點이라고 불린다. 맹점은 암점과 같은 말인데, 정상적인 눈 구조에서 발생한다는 점을 강조하기 위해 보통 맹점이라는 용어를 사용한다. 둘째로 중심 시력을 담당하는 중심오목에는 막대세포가 아예 없기 때문에 어두운 환경에서는 아무것도 볼 수 없다.

맹점을 확인하는 방법은 다음과 같다. 오른쪽 눈의 맹점을 확인하려면 연필 끝을 오른쪽 눈의 정면에 놓고 똑바로 응시한다. 이때 왼쪽 눈을 감고 오른쪽 눈으로만 본다. 그리고 연필을 오른쪽으로 움직이되 눈은 따라가지 않는다. 오른쪽으로 20도 벗어난 지점에 다다르면 연필 끝이 갑자기 안 보인다. 이곳이 맹점이다. 왼쪽 눈의 맹점은 오른쪽 눈을 감고 연필을 왼쪽으로 움직이면 확인할 수 있다.

중심오목도 확인할 수 있다. 한쪽 눈으로만 어두운 밤하늘을 쳐다보다가 별 하나에 초점을 맞추어 보면 그 별이 갑자기 안 보인다. 이 순간이 막대세포가 없는 중심오목에 초점이 맞추어진 상태다. 그러나 눈을 옆으로 살짝 돌리면 그 별의 영상이 중심오목에서 벗어나 막대세포가 있는 다른 망막에 맺히기 때문에 그 별이 다시 보인다.

맹점이 존재한다는 것을 위 실험에서처럼 쉽게 확인할 수 있지만 일상생활에서는 맹점의 존재를 느끼지 못한다. 우리의 시각 체계가 빈 공간을 채워 주기 때문이다. 시각적으로 빈 공간을 환상으로 채워서 보는 것은 우리에게 항상 일어나는 일이다. 눈을 깜박이는 순간에도 보고 있다고 느끼는 것 역시 채워 넣기의 일종이다. 객관적으로 존재하지 않는 것을 감각하는 경험을 환상이라고 하는데, 빈 공간 채워 넣기도 일종의 환상이다. 그러니 환상이 없으면 정상적인 시지각이 어렵다고도 할 수 있다. 채워 넣기를 환각의 일종인 환시라고 할 수 있다. 다만 환시라는 용어가 정신병적인 증상을 암시하기 때문에 환상이라는 용어를 흔히 사용한다.

〈그림 6-2〉를 보면 직사각형 세 개가 서로 붙어 있다. 그러나 우리 뇌는 가로로 직사각형이 하나 있고, 그 위에 세로의 직사각형이 겹쳐 있다고 생각한다. 색이 같은 직사각형은 하나라고 가정하고 시각적으로 중간을 채워 넣기 때문이다.

마찬가지로 넓적한 판자를 사이에 두고 한쪽에는 고양이 머리

| 그림 6-2 |  직사각형 세 개를 붙인 도형을 보고 직사각형 두 개가 겹쳐 있다고 생각하는 것은 색이 같은 사각형을 하나의 도형으로 보고 시각적으로 빈 공간을 채워 넣기 때문이다.

가 보이고, 다른 쪽에는 고양이 꼬리만 보일 때, 판자의 길이가 보통 고양이의 몸통 길이 정도라면 우리는 판자 뒤에 고양이 한 마리가 있다고 생각한다. 머리와 꼬리가 별개라고 생각하는 사람은 거의 없을 것이다. 일종의 시각적 착각 현상인 이러한 채워 넣기는 정상적인 시각 체계의 보편적인 현상이다.

이러한 정상적인 착각 현상은 선천적인 것은 아니고, 경험에 의해 후천적으로 학습된다. 어릴 때부터 몇 십 년을 맹인으로 살아오다가 성인이 되어서 수술로 시력을 회복한 환자들은 〈그림 6-2〉의 도형을 보고 직사각형이 세 개 있다고 판단하는 경우가 많다. 보이는 그대로 사물을 보는 것이다. 채워 넣기라는 착각 현상을 일으킬 만한 시각적 경험이 부족하기 때문이다.

책상 너머에 앉아 있는 사람을 볼 때 우리는 책상으로 가려진 부분 뒤에 그 사람의 두 다리가 있을 것으로 가정한다. 아무도 물

|그림 6-3| 가운데 까맣게 보이는 부분이 암점이다. 암점으로 시지각에 빈 공간이 생기면 시각 체계에서 그 빈 공간을 채워 지각한다.

고기의 꼬리를 연상하지는 않는다. 사람은 다리가 두 개라는 사실은 살아오면서 내내 보아 와서 그 경험적 개념이 우리 뇌에 뿌리 박혀 있기 때문이다. 마찬가지로 건물이나 자동차가 반만 보여도 우리는 나머지 절반이 거기에 존재한다고 가정한다.

병적인 상태에서 암점이 발생할 때도 채워 넣기는 작동한다. 편두통은 뇌혈관이나 피질의 일시적인 기능 장애로 발생하는데, 편두통 환자의 일부는 두통이 생기기 전에 시야가 뿌옇게 되며 사물이 찌그러져 보인다. 뒤통수엽 시각피질의 일부가 일시적으로 기능을 잃기 때문이다. 어떤 경우에는 〈그림 6-3〉처럼 암점이 생긴다.

이런 증상을 가진 사람들은 자신의 증상에 조금만 주의를 기울이면 시각 체계가 어떻게 빈 공간을 채워서 지각하는지를 알 수 있다. 편두통의 전조 증상이 나타났을 때 방을 둘러보면서 벽에 걸려 있는 시계나 그림에 암점이 겹쳐지게 하면 시계나 그림은 완전히 사라진다. 그런데 이들은 그 자리에서 빈 공간을 보는 것이 아니라 정상적으로 칠해진 벽이나 벽지를 본다. 사라진 대상이 원래 있던 자리에 주위와 동일한 페인트 색이나 벽지 무늬가 채워지는 것이다. 우리 뇌는 자기가 보지 못하는 영역은 주위 배경에 맞춰 채우기 때문이다.

빈 공간을 채워서 보는 환상은 뇌에 저장된 과거의 경험에서 얻어진 것으로, 어디까지나 우리가 살고 있는 현재의 세계를 기반으로 한 가정일 뿐이다. 그래서 항상 옳은 것은 아니다. 르네 마그리트는 이러한 착각을 이용하여 그림을 그렸다. 그는 이러한 시각 채워 넣기가 가정일 뿐이라는 사실을 보여 준다. 그러나 그의 그림은 현실 세계에서 일반적으로 적용되는 가정에 어긋나기 때문에 초현실주의라고 불린다.

## 색

**물감은 섞으면 어두워지고 빛은 섞으면 밝아진다** | 아무것도 없는 진공에서는 색이라는 것 자체가 없다. 물체가 있다고 하더라도 이를 비추는 빛이 없다면 색 역시 존재할 수 없다. 또 색은 뇌에서 형성되는 감각이기 때문에 뇌의 작용과 동떨어져 외부 세계에 객관적으로 존재하지도 않는다. 다시 말해 색은 어떤 물체의 고유한 성질이 아니라 그 물체에서 반사되는 빛의 특정 파장 성분을 인간

의 신경계가 인식하는 내용이다. 결국 색이란 어떤 물체에서 반사된 빛을 인간의 눈과 뇌가 받아들인 느낌이다. 색은 빛을 내보내는 광원과 빛의 반사 대상, 그리고 이를 관찰하는 눈과 뇌가 있기에 존재한다.

빛은 파장이 짧은 전자기파로 일종의 에너지 전달 현상인데, 음파에 비하여 파장이 짧아 공기 중에서는 거의 직선으로 움직인다. 그래서 빛을 광선光線이라고 한다. 빛을 파동으로 생각할 때는 광파光波라고 하기도 한다. 인간의 눈은 이들 전자기파 중 일부에 반응하여 시각적인 감각을 갖게 되는데, 이 영역의 빛을 가시광선이라고 한다.

가시광선은 그 자체는 색깔이 없지만 프리즘으로 분해하면 여러 가지 색의 스펙트럼이 생긴다. 이 스펙트럼에는 장파장인 적색에서부터 단파장인 자색까지 연속적인 색상의 변화가 있으나 흔히 빨강, 주황, 노랑, 초록, 파랑, 남색, 보라 등 일곱 가지로 이름을 붙인다. 무지개의 일곱 가지 색은 뉴턴 이후 일반화된 색의 분류인데, 일부 역사학자들은 18세기 초에 유럽에서 음계가 7음계로 정해지면서 뉴턴이 거기에 따랐다고 한다. 사실 일곱 가지 색 분류는 임의적이다. 멕시코 마야 사람들에게는 무지개가 다섯 가지 색으로 보이며 아프리카의 어느 부족 원주민들에게는 두세 가지 색으로밖에 보이지 않는다.

색에 대한 원활한 의사소통을 위해서 일반적으로 색을 색상 hue, 명도value, 채도chroma 등 3요소로 나눈다. 색상은 색조tone, 명도는 밝기<sup>brightness, luminosity</sup>, 채도는 포화<sup>saturation</sup> 혹은 순도<sup>purity</sup>라
는 말로도 사용한다.

색상은 빛을 프리즘으로 나누었을 때 보이는 무지개 형상의 여
러 색의 종류, 즉 빨강, 파랑, 노랑 등을 말한다.

밝기란 색상과 관계없이 밝고 어두움을 표시한다. 가장 밝은
것을 흰색이라고 할 수 있는데, 이는 자신에게 비추어진 빛을 분
산해서 완전히 반사할 때 나타난다. 분산하지 않고 완전 반사하는
물질은 거울이다. 우리가 볼 수 있는 색 중에서 가장 어두운 색은
검정이지만 빛을 모두 흡수하는 가장 어두운 색은 물질로써 존재
하지 않는다. 빛을 완전히 흡수한다는 것은 반사되지 않는 무한한
공간을 의미하기 때문이다. 빛을 탐구한 인상파 화가들은 검정에
해당하는 빛이란 없다는 것을 알고는 검정색을 거의 사용하지 않
았다고 한다.

채도란 색상의 포함 정도를 말한다. 즉 어떤 색채에 색상의 속
성이 어느 정도 포함되어 있는지를 가리킨다.

분홍과 빨강은 색상은 같지만 명도와 채도가 다르다. 빨강이
색상의 채도가 높고 명도는 낮다. 색상이 다를 경우에는 밝기의
차이를 느끼기가 쉽지 않다. 인상파 화가들은 색상이 전혀 다른
색을 섞어 그렸지만, 그들의 그림을 보면 밝기에서는 아주 조화롭
다. 이들은 아마도 색상이 다른 색들 사이의 밝기를 느끼는 감각
을 가지고 있었을 것이다. 일반인이 갖기 어려운 감각이다.

텔레비전과 컴퓨터 화면은 빨강, 초록, 파랑의 삼원색을 적당

| 그림 6-4 | 쇠라는 화면에 색이 다른 점들을 찍어서 햇볕을 받은 풍경과 동일한 느낌을 표현하고자 했다. 쇠라의 〈퍼레이드〉 부분도.

히 섞어서 원하는 색을 만들어 낸다. 프리즘으로 분해된 여러 색을 모두 합하면 다시 색이 없는 밝은 빛이 된다. 이처럼 빛의 색을 혼합하면 결과는 점점 밝아진다. 반면 물감은 여러 색을 많이 섞으면 섞을수록 어두워진다. 그래서 빛의 혼합을 가법혼합 addictive mixture 이라 하고, 물감의 혼합을 감법혼합 subtractive mixture 이라고 한다. 또 그렇기 때문에 물감에서 말하는 삼원색은 빛의 삼원색과 달리 노랑, 파랑, 빨강이다.

물감을 혼합하면 밝기가 어두워지는 현상을 해결하고자 한 시도가 쇠라의 점묘법이다. 그는 화면에 색이 다른 점들을 찍어서 햇볕을 받은 풍경과 동일한 느낌을 보여 주고자 했다. 물감을 팔

레트에서 섞지 않고 눈과 시각신경에서 섞은 것이라고 할 수 있다. 팽이에 다른 색을 칠해서 돌리면 혼합된 색이 나오는 현상이나 서로 다른 색의 세로 실과 가로 실로 짠 옷이 멀리서 보면 하나의 색으로 보이는 현상도 같은 원리다.


## 색에 대한 감각
### 색맹 환자는 다른 시각 능력이 발달한다

빛이 눈에 들어오면 원뿔세포의 색소 분자인 옵신이 처음 색에 대해 반응을 한다. 정상적인 인간의 망막에는 세 종류의 옵신이 있다. 세 종류의 원뿔세포 각각이 최대한 반응하는 파장은 보라, 초록, 노랑이지만, 편의상 파랑옵신, 초록옵신, 빨강옵신 등으로 불린다. 이 세 종류의 옵신이 각각 색깔을 감지하는 것은 아니고 뇌에서 원뿔세포들의 반응을 조합하여 색을 느낀다. 그래서 단색광 두 개 이상이 동시에 망막을 자극하면 우리 뇌는 전혀 다른 제삼의 색을 느낀다.

색을 감지하는 능력이 떨어진 경우를 색맹이라고 한다. 대부분 유전 질환이다. 색맹의 대부분은 빨강옵신과 초록옵신이 각각 기능이 떨어진 적색맹과 녹색맹이고, 파랑옵신이 기능을 하지 못하는 청색맹은 드물다. 적색맹의 경우 빨강을 인지할 수 있지만 노랑과 혼동한다. 녹색맹은 빨강과 노랑을 같은 색으로 인식하기도 하고, 초록을 흰색으로 인식하기도 한다. 그러나 적색맹과 녹색맹은 색의 혼동에 약간 차이가 있을 뿐이고, 적색과 녹색에 대한 감각에 모두 장애가 있다. 그래서 둘을 합해서 적록색맹이라 한다. 적록색맹을 가진 사람들은 교통신호등의 빨강색과 초록색을 구별하지 못한다. 그러나 색맹이 있는 사람들이 실제로 색을 어떻게 인식하는지 삼원색 체계를 가지고 있는 일반 사람들은 알 수 없다. 사원색 체계를 가진 거북이나 적외선을 감지하는 뱀, 자외선을 감지하는 벌 등이 세상을 어떤 색으로 보는지 우리가 알 수 없는 것과 마찬가지다.

색감을 잃어버리면 대신 다른 능력이 발달한다. 어느 색맹 식물학자는 나무나 풀 사이에 숨어 있는 고사리와 같은 식물을 다른 사람들보다 훨씬 빠르게 찾아낸다고 한다. 그리고 2차세계대전 때 적록색맹 환자들이 폭격수로 차출된 이유도, 여러 색이 뒤엉켜 헷갈리고 속기 쉬운 위장술을 간파하는 능력 때문이었다. 또 태평양 전쟁에 참여한 색맹 병사들은 위장을 하고 정글 속을 이동하는 적군의 움직임을 파악하는 데 큰 공헌을 했다고 한다.

망막에 들어온 색에 대한 정보는 뒤통수엽의 일차시각피질을 거쳐 관자엽 안쪽-아래쪽의 뒤통수관자이랑으로 가서 분석된다. 이 부위가 색을 분석하는 색각중추다. 여기가 손상되면 망막의 원뿔세포 이상에 의한 색맹과 비슷한 색맹이 되어 사물의 형태나 질감은 느낄 수 있지만 색은 느낄 수 없다. 그뿐만 아니라 뇌에 저장된 색에 관한 기억들이 완전히 지워져 버린다. 그래서 색각중추가 손상되면 색이란 것이 어떻게 보이는지 상상조차 할 수 없다.

성공적인 화가로 활발히 활동하던 65세의 한 남자가 있었다.

그는 직업 화가답게 모든 사물의 색을 정확하게 알고 있었다. 팬톤 색상표의 색상 이름뿐 아니라 번호까지 외울 정도였고, 고흐 작품에 등장하는 당구대의 녹색이 색상표의 번호로 몇 번인지까지도 정확히 구분할 수 있었다. 그런데 어느 날 교통사고로 뇌 손상을 입어 색에 대한 감각을 잃어버렸다. 화려한 꽃들도 구별할 수 없었고, 모든 것이 회색으로 흐릿하게 보였다. 그는 색상표의 번호를 기억하여 그림을 그렸지만 그림에 나타난 사물은 정상인이 보기에는 엉뚱한 색이었다.

더는 색을 볼 수 없다는 좌절의 세월이 1~2년 지나면서 그는 흑백의 세계에 적응하여 흑백 그림을 그리기 시작했다. 그리고 색감을 잃었지만 대신 그에게는 새로운 감각이 발달하였다. 색에 가려져 일반인은 느끼지 못하는 미묘한 시각을 갖게 된 것이다. 그는 밤이 되면 오히려 시력이 좋아졌고, 색으로 얼룩지지 않은 순수한 세상을 보게 되었다고 한다.

## 색과 형태
**나뭇잎이 밤낮에 상관없이 초록색으로 보이는 까닭** | 낮에 초록색으로 보이는 나뭇잎은 어둑어둑해져도 여전히 초록색으로 보인다. 그러나 잎의 표면에서 반사되는 실제 빛의 조성은 항상 변한다. 하루 중 어스름인지 대낮인지, 혹은 날이 맑은지 흐린지에 따라 끊임없이 변한다. 그렇지만 우리 눈에 나뭇잎은 항상 초록색이

다. 이는 우리의 뇌가 다양한 변화 요인을 배제하고 나뭇잎의 색을 일정하게 초록색이라고 판단하기 때문이다. 즉 광원의 스펙트럼 조성에서 일어나는 변화가 아무리 크더라도 눈에 보이는 사물의 색에는 미미한 변화밖에 일으키지 않는다. 이를 색의 항상성이라고 한다.

인상파 화가들은 인간의 시각신경이 가지는 이러한 항상성이라는 특성 때문에 무심코 무시되는 색의 변화를 포착해 화폭에 담고자 했다고 할 수 있다.

우리가 특정한 색으로 칠해진 물체를 볼 때면 뒤통수엽의 일차시각피질과 관자엽의 색각중추가 같이 활성화된다. 이때 더 활성화되는 쪽은 색각중추영역이다. 어떤 물체에서 반사되는 빛의 파장 성분에만 의존해서 색을 구분할 때는 일차시각피질이 주로 관여하지만, 특정 물체와 그 주변에서 반사되는 빛의 양을 다양한 파장에 따라 비교할 때는 색각중추가 주로 관여하기 때문이다. 색의 항상성은 색각중추가 특정 물체에서 반사되는 빛의 파장을 주위 배경과 비교해서 지각하기 때문에 나타나는 현상이다. 색각중추가 완전히 망가지면 색맹이 되지만, 부분적으로만 손상되면 이 색의 항상성이 불완전해진다.

사물의 형태를 알아보는 영역은 색각중추와는 별개이기 때문에 색각중추가 완전히 망가지더라도 사물의 형태는 볼 수 있다. 그러면 색은 볼 수 있지만 형태를 보지 못하는 상황이 가능할까? 야수파 화가들은 색을 표현의 도구로 사용했을 뿐 아니라 색 자체를 주제의 이미지로 사용하여 색을 다른 것들에서 해방시키려 했다. 이것이 가능할까?

색의 항상성이 나타나는 것은 두 곳에서 나오는 빛의 파장을 비교함으로써 가능하다. 즉 나뭇잎과 같은 어떤 특정 사물과 배경 사이에 경계가 존재해야만 한다. 빨간색 배경으로 둘러싸인 초록 도형을 본다고 가정해 보자. 이때 서로 다른 색이 인접한 경계 부위에서 각각 초록 빛과 빨간 빛이 강하게 느껴진다. 경계선은 직선이나 곡선일 수도 있고, 수직이거나 기울어 있을 수도 있지만 어쨌든 형태를 가지고 있다. 그래서 형태와 색을 지각하는 뇌 영역이 별개라고 해도 서로 분리될 수는 없다. 따라서 야수파처럼 형태에서 색을 해방시키는 것은 어렵다고 할 수 있다.

몬드리안의 작품과 같은 추상미술 혹은 비구상미술 작품에 등장하는 색과 형태는 우리의 시각적 세계에 존재하는 어떤 특성이나 대상도 표상하거나 상징하지 않는다. 우리가 이러한 그림을 볼 때는 주로 일차시각피질과 색각중추만 활성화된다. 그런데 자연스러운 색을 띤 자연적인 대상을 볼 때는 이곳뿐만 아니고 아래관자엽피질과 해마, 이마엽(전두엽)frontal lobe 등도 같이 활성화된다. 즉 추상미술 작품을 볼 때는 초기 시각 처리를 담당하는 영역만이 활성화되고, 기억과 경험에 의지해서 사물을 판단하는 다른 고차원적인 영역은 활성화되지 않는다. 이는 모든 형태와 색의 변하지 않는 요소를 화폭에 담고자 한 몬드리안의 노력이 우리 신경계의 특성을 반영한 것이라고 할 수 있다.

# 선과 형태

**모든 형태의 기본은 직선이다** | 화가들은 다양한 형태 가운데 모든 형태의 본질적인 요소를 찾고자 했는데, 점과 선이 대표적인 요소다. 많은 예술 작품은 선 자체의 아름다움을 표현한다. 선의 기본은 직선이다. 몬드리안은 순수한 현실을 표현하기 위해서는 자연적인 형태를 변하지 않는 요소로 환원시킬 필요가 있다고 했다. 그는 모든 형태가 수직선과 수평선 그리고 이들이 교차해서 만들어지는 사각형으로 환원될 수 있다고 믿었다.

뇌의 일차시각영역에는 특정한 기울기에만 선택적으로 반응하는 세포들이 있다. 이러한 세포는 반응이 가장 큰 기울기에서 조금씩 직선의 기울기를 변화시킬 때마다 반응이 조금씩 줄어들다가 직각에 가까운 방향에 이르면 반응이 완전히 사라진다. 아직 곡선에 선택적으로 반응하는 세포들은 발견되지 않았는데, 곡선은 아마도 직선으로 분해되어 지각되는 것으로 보인다. 직선으로 이루어진 몬드리안의 작품을 뇌가 지각하고 느끼는 과정을 시각피질에서 기울기를 지각하는 세포만으로 설명할 수는 없겠지만, 선을 강조한 그의 추상미술 작품을 볼 때 우리 뇌의 시각영역 중 특정 기울기에 대해서만 선택적으로 반응하는 세포가 활발하게 반응할 것이라는 것은 확실하다. 몬드리안은 선의 기울기에 대해서 매우 까다로워서 곡선뿐만 아니라 사선도 무척 싫어했다. 그러나 수직선과 수평선에 선택적으로 반응하는 세포가 사선에 반응하는 세포보다 많다는 증거는 아직 없다.

| 그림 6-5 | 몬드리안은 모든 형태가 수직선과 수평선 그리고 이들이 교차했을 때 만들어지는 사각형으로 환원될 수 있다고 믿었다. 몬드리안의 〈노란색, 파란색, 빨간색의 구성〉.

자동차를 볼 때면 보는 각도에 따라 모양이 달라지지만 우리는 하나의 같은 자동차라고 지각한다. 이런 지각은 그냥 얻어지는 것이 아니고 수많은 시각 경험이 뇌에 저장되어 있기 때문에 가능하다. 어릴 때부터 맹인으로 살아오다가 수술로 시력을 찾은 사람들은 하나의 대상을 봐도 보는 각도가 달라질 때마다 다른 대상이라고 판단한다. 이들이 자동차를 볼 때, 보는 각도가 비록 달라져도 하나의 자동차라는 사실을 알기까지는 많은 시행착오와 경험이 필요하다.

우리 뇌는 어떤 대상에 대해 여러 각도에서 보이는 형태를 기억하고 있다. 원숭이에게 전에 한 번도 접해 보지 못한 대상을 TV 화면으로 여러 시점에서 보여 준 다음, 나중에 같은 대상을 다시

TV 화면에 보여 주면서 아래관자엽피질의 세포 활동을 기록하였다. 세포들은 대부분 단 하나의 시점에서만 반응을 했다. 대상을 회전시켜 익숙하지 않은 방향에서 보는 것처럼 만들면 반응이 감소했다. 두 개의 시점에 대해서 반응하는 세포와 시점에 관계없이 반응하는 세포도 있었지만, 이는 전체의 1%에 불과했다. 반면 그 원숭이가 한 번도 본 적이 없는 시점에서 대상을 보여 주었을 때 반응하는 세포는 발견되지 않았다. 그래서 일단 한 번이라도 봤던 시점에서 봐야지 그 대상을 인지할 수 있다.

따라서 우리는 한 번도 보지 못한 대상은 보는 각도에 따라서 다른 물체로 지각한다. 어떤 대상을 보는 각도가 달라져도 하나의 동일한 대상으로 지각하기 위해서는 그 특정 대상을 이전에 여러 각도에서 본 경험이 있어야 한다. 그래야 하나 혹은 그 이상의 시점에 반응하는 세포들이 동시에 관여하여 대상을 인식한다. 그러나 전체 세포의 1% 정도는 시점에 관계없이 반응한다는 사실을 보면 뇌에는 형태의 항상성을 담당하는 특수화된 기능이 있을 것이라고 추정해 볼 수 있다.

피카소로 대표되는 입체파 화가들은 형태의 항상성을 추구하기 위해 마치 뇌가 다양한 시점에서 대상을 보는 것처럼 다양한 각도에서 본 대상을 화폭에 표현하고자 했다. 이들은 대상을 있는 그대로 재현하기 위해 명암을 제거했다. 명암이란 특정한 순간을 반영하는 것이기 때문이다. 원근감 역시 제거했다. 원근감도 명암과 마찬가지로 공간상의 어떤 특정한 위치를 반영하는 우연적인

|그림 6-6| 입체파 화가들은 다양한 각
도에서 본 대상을 화폭에 담으려 했다. 후안
그리스의 〈피카소의 초상〉.

요소이기 때문이다. 반면 인상파 화가들은 우리 눈이 바라보는 외
부 세계가 변화하는 일순간의 시각적 인상을 그리고자 하였다. 다
시 말해 인상파가 어떤 특정한 날이나 특정한 시간에 보이는 모습
을 그리려고 했다면 입체파는 기억에서 최종적으로 구성된 방식
대로 표현하고자 했다고 할 수 있다.

## 얼굴 인식

**얼굴 인식 장소, 관자엽** | 우리는 대부분 얼굴을 통해 사람을 알
아본다. 상대방의 얼굴을 보는 순간 우리는 그 사람에 대한 많은
정보를 얻는다. 얼굴 표정만으로 순식간에 그 사람의 성격에서 건

강 상태까지 파악할 수도 있고, 즐거운지 불쾌한지 등 감정 상태도 알 수 있다. 따라서 얼굴 표정을 읽는 능력은 사회생활에서 매우 중요하다. 정상적인 경우 상대방의 얼굴을 보는 순간 그 사람과 관련된 감정에서 자신의 표정이 만들어진다. 여러 사람과 대화하는 도중에는 바라보는 상대방에 따라 금방 자신의 얼굴 표정도 변한다.

뒤통수엽의 일차시각피질에서는 얼굴에 대한 정보만 따로 관자엽의 뒤통수관자이랑으로 보내는데, 이 부위가 손상되면 얼굴을 알아보지 못하는 얼굴 인식불능증이 발생한다. 이 병은 타인의 얼굴뿐 아니라 거울에 비친 자신의 얼굴도 알아보지 못한다. 얼굴 인식불능증 환자 중 일부는 자신이 보고 있는 것이 얼굴이라는 사실은 알고 있고, 눈이나 코, 혹은 귀 등 얼굴의 세부적인 부분도 잘 알아볼 수 있다. 이처럼 얼굴을 보고 눈, 코, 입이 달린 얼굴이라고 지각할 수 있다 하더라도 그 얼굴이 누구의 얼굴인지 알지 못한다. 이들은 목소리나 옷차림 같은 얼굴 이외의 특성으로 상대방이 누구인지 알아본다.

얼굴을 알아보는 데 관여하는 부위는 상당히 넓어서 그 안에서 더 특화된 기능들이 세분화되어 있다. 예를 들어 얼굴이 누구의 얼굴인지는 알아보지 못하지만 그 얼굴이 즐거워 보이는지 슬퍼 보이는지는 구별할 수 있는 환자도 있고, 반대로 누구의 얼굴인지는 알아볼 수 있지만 얼굴의 표정은 알아보지 못하는 경우도 있다.

얼굴을 인식하는 과정은 감정과 밀접한 관계가 있다. 감정을 조절하는 영역 중 편도체는 공포 반응과 관련되어 있는데, 편도체만 손상된 환자는 얼굴을 보면 누구인지도 알고, 다른 감정은 완벽하게 알아보면서도 얼굴에 나타난 공포만은 느끼지 못한다.

상대방과 얼굴을 마주쳤을 때 제일 중요한 것은 눈이다. 인간이건 동물이건 상대방의 시선을 파악하는 일이 생존에 중요하다. 포식자나 먹잇감이 자신을 바라보는 것인지 아닌지를 바로 파악해야 도망가거나 공격할 시점을 결정할 수 있다. 같은 무리 안에서는 눈을 마주치기만 해도 상대방과 자신의 사회적 위치를 확인할 수 있다. 동물들은 대부분 얼굴의 방향으로 시선을 판단한다. 사람은 눈의 흰자위가 크기 때문에 얼굴 방향뿐만 아니라 눈동자의 방향도 시선의 방향을 파악하는 데 중요한 단서가 된다. 또 사람은 1도의 시선 변화도 알아볼 수 있다. 사람들은 눈을 맞추는 것만으로도 섬세한 감정과 정교한 내용을 전달할 수 있다. 지난 600년간 유럽에서 그려진 유명한 초상화의 인물은 대부분 약간 비스듬한 자세를 취해 눈이 그림을 좌우 이등분한 선에 걸쳐 있다. 눈 맞춤이 중요 정보를 전달하므로 화가들이 의도적으로 그림 가운데 눈을 위치시킨 것으로 보인다.

사회생활에서 얼굴이 중요한 만큼 미술 작품에서도 얼굴은 중요한 소재다. 초상화를 볼 때 우리는 그 크기나 밝기의 정도에 관계없이 보통 얼굴 자체에 주의를 집중한다. 뇌는 과거 경험에서 쌓인 정보를 바탕으로 그 인물의 표정이나 분위기를 특정한 정신 상태나 심리 상황과 연관시킨다. 얼굴 인식불능증 환자는 초상화

| 그림 6-7 | 지난 600년간 유럽에서 그려진 유명한 초상화에서 인물의 눈은 그림의 좌우를 이등분한 선에 걸쳐 있다. 왼쪽 위부터 시계 방향으로 다빈치의 〈모나리자〉, 길버트 스튜어트의 〈조지 워싱턴 초상〉, 로세티의 〈자화상〉, 고흐의 〈자화상〉, 밀레의 〈자화상〉, 카스파 다비트 프리드리히의 〈자화상〉.

를 보고 이러한 반응을 보이지 못한다. 얼굴을 알아보는 뇌가 정상인 경우, 보고 있는 초상화의 얼굴이 정상적인 모양이 아니면 정상적인 사람 얼굴을 볼 때와는 다른 느낌을 받을 것이다. 샤갈은 종종 얼굴의 위아래를 거꾸로 그렸다. 얼굴은 위에서 아래로 눈, 코, 입의 순서로 되어 있는데, 이것을 뒤집으면 현실과 동떨어진 분위기를 자아낸다.

## 공간

이차원적인 이미지가 삼차원으로 재현, 착시 | 우리 망막에는 위아래가 뒤집힌 이차원적 이미지가 맺히지만 뇌는 세상을 파노라마처럼 펼쳐진 삼차원으로 느낀다. 공간지각 능력에 필수적인 요소는 거리를 느끼는 감각이다. 거리에 대한 정보는 움직임에 대한 정보를 처리하는 중간관자운동영역에서 처리되는 것으로 보인다. 이 영역의 많은 세포가 양쪽 눈에서 들어오는 정보의 차이에 민감하게 반응한다. 어떤 세포는 물체가 가까이 있을 때만 반응하고, 어떤 세포는 물체가 멀리 있을 때만 반응한다.

신경계가 거리에 따라 크기를 알아차리는 과정은 일종의 착시 현상이다. 철로의 가운데 서서 먼 곳을 바라보면 두 개의 평행한 궤도가 멀리 지평선 위의 한 점에서 만나는 것처럼 보인다. 이것을 그림으로 그리면 이 점이 소실점이 된다. 뇌는 두 개의 선이 모아지는 지점이 더 멀다고 지각하고 또 먼 곳에 있는 물체는 작아

06 시각 | 인간

|그림 6-8| 두 개의 가로선은 길이가 같다. 그러나 뇌에서 두 개의 선이 모아지는 소실점은 먼 곳으로 지각되기 때문에 위의 선이 더 길게 보인다.

보일 것이라고 가정하기 때문이다. 이러한 착각 덕분에 이차원의 망막에서 삼차원의 공간을 지각할 수 있다. 결국 이러한 착시 현상은 삼차원의 세계를 보기 위한 신경계의 적응 현상이다. 또 정상적인 시지각 능력을 가진 사람이라면 〈그림 6-8〉에서 세로 사선이 모아지는 쪽을 더 멀게 지각하기 때문에 그쪽에 있는 물체가 작아 보일 것이라 가정한다. 그래서 두 개의 가로 선의 길이가 같아도 위쪽 선을 더 길게 지각한다.

착시에 의한 신경계의 적응은 성장기 때 시각신경이 발달하는 과정에서 이루어진다. 어렸을 때부터 시각장애인으로 살아오다가 성인이 되어서 수술로 시력을 회복한 사람들의 경우를 보면, 사람이면 모두 가지고 있는 삼차원적인 공간감각이 저절로 얻어진 것은 아니라는 사실을 알 수 있다. 이들에게는 소실점에 따른 막대의 위치에 관계없이 막대의 길이가 같다면 〈그림 6-8〉의 위아래 가로 막대가 똑같은 길이로 보인다. 따라서 공간에 대한 시각 구성 능력이 떨어진다.

또 시각장애인이 수술로 시력을 회복하면 금방 길거리를 잘 돌아다닐 것 같지만 실상은 그렇지 않다. 오히려 앞이 안 보일 때보다 더 어려워한다. 앞이 전혀 보이지 않을 때에는 잘 돌아다니던 집 안에서도 전보다 더 헤맨다. 아직 시각에 의한 공간감각이 형성되지 않은 상태의 불완전한 시각 정보가 시력이 없는 상태에 적응된 여러 감각 정보의 통일성을 오히려 방해하기 때문이다. 또 이들은 사진에 나타난 이차원적인 이미지를 삼차원적으로 지각하지 못한다. 사진에 나타난 그림자와 같은 단서를 이용한 입체적인 물체의 이미지를 지각하지 못하고, 사진 속에 크기가 작고 희미하게 보이는 사람은 크고 선명하게 보이는 사람보다 뒤쪽에 있다는 사실도 못 느낀다. 이런 경우 훈련으로 공간감각을 발달시킬 수도 있지만 경우에 따라 영원히 불가능할 수도 있다.

미술의 역사에서 이차원의 평면에 삼차원적인 공간감각이 느껴지는 그림을 그릴 수 있게 된 것은 불과 500년 전의 르네상스 때다. 고대 이집트의 벽화나 그리스의 부조는 모두 그림 속의 물건들을 화면에 나란히 배열하는 평면적인 공간 구도로 이루어져 있다. 중세까지만 해도 가까운 것은 커 보이고 멀리 있는 것은 작아 보인다는 개념이 일반화되지는 않았다. 15세기에 이르러 르네상스와 함께 발달한 원근법에 의해서 비로소 그림에서 삼차원적인 공간감각이 느껴지게 되었다. 원근법에 의하면 가까이 있는 것은 크고 진하고 밝고 자세히 표현하며, 멀리 있는 것은 작고 연하

| 그림 6-9 | 〈최후의 만찬〉에서 예수의 머리에 형성된 소실점은 감상자들의 시선을 예수의 위치에 고정시킬 뿐만 아니라 벽화가 현실의 방처럼 보이는 착시를 유도한다. 다빈치의 〈최후의 만찬〉.

고 흐리게 그린다.

대표적인 원근법인 선 원근법은 소실점과 두 개 이상의 평행선으로 이루어진다. 선 원근법 구도에서 공간의 평행선은 모두 소실점의 방향으로 뻗어 나간다. 다빈치의 〈최후의 만찬〉에서는 예수의 머리에 소실점이 형성된다. 이러한 기법은 화면에 뒤로 물러나는 듯한 공간을 형성하여 감상자들의 시선을 예수가 위치한 지점에 고정시킨다. 이렇게 교회 벽면에 그려진 벽화는 얼핏 보면 벽면을 파내고 만든 현실 세계의 방처럼 착각할 수 있다.

원근법과 함께 그림에 삼차원의 공간을 표현하는 중요한 기법은 명암 처리다. 르네상스 이전의 그림은 화면에 태양빛과 램프 등의 광원이 있어도 빛과 그림자의 방향이 일치하지 않았지만, 르네상스 이후에는 빛의 방향에 따른 그림자를 표현하여 물체가 이차원 평면을 뚫고 나온 것처럼 공간감을 느끼게 하였다. 그림자는 뇌가 물체를 볼 때 같이 처리되고, 물체의 형태를 알아보는 데 큰 도움이 된다. 따라서 그림에 명암을 만들면 우리 눈은 그것을 그림자라고 가정한다. 평면에 그려진 동그라미의 위쪽이 밝고 아래쪽이 어두우면 그 원은 종이에서 튀어나와 보이지만 위쪽이 어두우면 안으로 움푹 들어가 보인다. 이는 인간 뇌의 시각영역이 태양이 위에서 비치는 지구에서 진화해 왔기 때문이다. 빛이 아래에서 비치는 세계에서 진화한 시각 체계는 거꾸로 지각할 것이다.

## 움직임

**움직이는 모든 것이 '순간이동'으로 보이는 환자** | 개구리를 포함한 일부 척추동물은 움직이는 물체만을 본다. 이들이 진짜로 움직이는 물체만을 지각하는지는 좀 더 연구가 필요하지만, 개구리는 눈앞에 죽은 파리가 있어도 잡아먹으려 하지 않기 때문에 그렇게 추정한다. 아마도 개구리의 망막에서 벌레를 알아보는 세포는 오로지 움직임에만 반응하기 때문일 것이다. 척추동물은 뇌가 커지는 방향으로 진화하면서 뇌에서 망막이 하는 기능을 넘겨받았다. 그래서 사람에 와서는 물체의 움직임을 뇌의 중간관자영역에서 지각한다. 다른 시각영역은 정상이고 이 부위만 손상되면, 사물의 형태와 색 그리고 사람을 알아볼 수 있고 책도 문제없이 읽을 수 있지만, 움직이는 사물은 보지 못하고 단지 조각난 정지된

화면으로밖에 지각하지 못한다.

영화를 보면 화면에 나오는 것이 움직이는 것처럼 보인다. 하지만 실제로 움직이는 것은 없다. 단지 연속적인 사진을 빠르게 보여줄 뿐인데 우리는 움직이고 있다고 지각한다. 실제 우리 눈은 1초에 30~40개 이상의 이미지를 볼 수 없기 때문에, 이미지가 그보다 빠르게 변화하면 연속적인 움직임으로 지각한다. 그런데 중간 관자운동영역이 손상되면 망막에 찍힌 각 슬라이드의 이미지가 부드럽게 연결되지 못하고 한 장 한 장 넘기는 것과 같이 보인다.

한 가지 더 예를 들어 탁자에 공을 올려 둔다고 하자. 뇌의 운동영역이 손상되면, 올려놓은 공은 잘 보이지만 공이 데굴데굴 구르기 시작하면 보이지 않는다. 그러다가 공이 멈추면 다시 보인다. 이 사람에게는 주위의 모든 사물이 '순간이동' 하는 것처럼 보인다. 이런 사람들은 차가 다니는 길을 건널 수가 없다. 자동차의 색깔이나 번호판은 볼 수 있지만 자동차가 얼마나 빠른 속도로 움직이는지를 알 수 없기 때문에, 처음에 차를 볼 때는 멀리 있는 것 같았지만 길을 건너려고 하면 갑자기 차가 아주 가까이 와 있는 일이 빈번하게 발생한다. 정상인에게는 이같은 모든 일이 너무나 쉬워서 전혀 어려움을 느끼지 못하지만 중간관자영역이 손상된 환자에게는 일상생활이 난관의 연속이다.

운동영역이 손상된 환자는 물을 따르는 것도 어렵다. 물이 잔에 얼마나 빨리 차오르는지 알 수 없기 때문에 주전자의 각도를 조정하여 속도를 늦출 시점을 알지 못한다. 그 결과 컵에 물을 따를 때 항상 물이 넘친다. 그리고 이들은 전화로 하는 대화는 어려움이 없지만 마주보고 있는 사람과의 대화는 어렵다. 대화는 듣는 것이기 때문에 보는 것과 별개라고 생각하기 쉽지만 마주보는 상대방과 대화할 때 우리는 상대방의 입술 모양이나 얼굴 표정을 보면서 의사소통을 한다. 그렇기 때문에 대화하면서 수시로 변하는 얼굴 표정을 읽지 못하면 원활한 대화가 어려울 수밖에 없다.

움직이는 물체를 바라볼 때는 일차시각피질과 중간관자운동영역이 같이 활성화된다. 운동영역에 있는 세포들은 움직이는 물체를 볼 때만 반응하고, 정지한 자극에 대해서는 반응하지 않는다. 즉 바라보는 물체의 형태나 색에는 영향을 받지 않으면서 오로지 움직임에만 반응하는데, 대부분은 특정한 한 방향에 대해서만 반응한다. 폭포를 한동안 똑바로 바라보다가 그 옆의 정지된 곳을 보면 나무와 물체들이 하늘로 올라가는 듯한 느낌을 받는다. 아래로 향하는 물을 바라보는 동안 아래 방향에 반응하는 세포들은 피로해지는데, 그 상태에서 정지된 사물을 바라보면 위 방향에 반응하는 세포들의 반응이 상대적으로 커지기 때문이다.

이러한 신경학 연구는 1970년대 이후에 이루어진 것이지만 예술가들은 이미 이러한 현상을 작품에 활용했다. 실제의 움직임을 작품으로 표현한 미술을 키네틱 아트kinetic art라고 하는데, 키네틱 아트 작가인 팅겔리J. Tinguely는 다음과 같이 말했다. "나는 그림을 어떻게 끝내야 할지 알 수 없었다. 기본적으로 이런 이유로 나는 작품에 움직임을 도입하기 시작했다. 움직임을 통해 이제 끝났다고 말할 수 있게 되었다." 키네틱 아트는 움직임을 강조한 반면 형태와 색은 그다지 강조하지 않거나 적어도 중요하게 보이지 않도록 만든다.


## 인공 시각

**시각장애인에게 세상을 열어 주다** | 시력이 떨어지면 안경이나 렌즈와 같은 보조기를 이용한다. 그리고 라식 수술도 할 수 있다. 그런데 이런 방법은 빛이 망막에 초점을 잘 맞출 수 있게 하는 역할을 하기 때문에 빛을 감지하는 망막과 시신경이 정상일 때만 시력 개선의 효과가 있다. 망막 질환으로 시신경이 파괴된 경우에는 이러한 방법은 효과가 없다.

망막 질환으로 시신경이 파괴되었을 때 시신경의 기능을 대신해 줄 수 있는 방법이 인공 망막이다. 인공 망막의 원리는 다음과 같다. 먼저 카메라에 모인 영상을 전기 신호로 바꾼다. 카메라는 보통 안경에 부착된다. 전기 신호로 바뀐 카메라의 영상 신호는 무선으로 눈 안의 장치에 보내진다. 눈 안의 앞부분에 이식된 안테나에서는 이 영상 신호를 받아 망막에 이식된 신경 자극기를 통해서 망막의 시신경을 자극한다. 이처럼 인공 망막이란 빛을 일차적으로 감각하는 망막의 기능을 대신하는 것이다. 다음은 2002년에 미국 캘리포니아 대학 병원에서 최초로 인공 망막 시술을 받은 환자, 테리 바이랜드의 이야기다.

"어느 날 저녁 약간 어두운 음식점에서 식사를 하는데 시력에 이상을 느꼈습니다. 그때는 별로 신경 쓰지 않았지만 점점 저녁에 운전하기가 힘들어지는 거예요. 그래서 안과를 찾았습니다. 그때가 처음 증상이 생기고 나서 1년이 지났을 때 같아요. 안과 의사는 망막색소변성 retinitis pigmentosa 이라는 진단을 내렸어요.

아주 드물게 발생하는 유전병이라고 하더군요. 처음에는 밤에 시력이 떨어지다가 점차 서서히 진행하여 몇 년이 지나면 결국 아무것도 보이지 않는다고 했습니다. 제 경우는 그렇게 되기까지 7년이 걸렸습니다. 그때가 제 나이 마흔다섯 살이었어요. 그 이후로는 아무것도 볼 수 없었죠. 직장을 잃고 좋아하던 운동도 즐길 수 없게 된 것은 물론이고, 절망, 분노, 우울증과 싸워야 했습니다. 가족들도 같이 어려웠죠. 그러나 새로운 삶에 적응하는 수밖에 다른 도리는 없었습니다. 시각장애인 모임에 나가면서 이런 일을 겪는 게 나 혼자가 아니라는 것을 깨닫고 더욱 기운을 차릴 수 있었습니다.

맹인으로 산 지 11년째가 되던 2002년 인공 망막 수술이 있다는 이야기를 들었습니다. 제가 첫 실험 대상이 되었지만 망설이진 않았어요. 다른 방법이 없었으니까요. 수술 후에는 카메라가 달린 안경을 쓰고 3년에 걸쳐 검사와 교육을 받았습니다. 제 뇌가 새로운 시각 자극을 받아들이는 훈련 과정이었죠. 이제는 반짝이는 불빛이 어디에 있는지 알 수 있고, 걸을 때 앞에 있는 나무와 같은 물체를 피할 수 있습니다. 비록 사람 얼굴은 볼 수 없지만 제 아들이 걸어가는 모습을 볼 수 있었습니다. 고작 그림자 같은 형태였지만 아주 감격스러웠지요. 그 녀석을 마지막 봤을 때가 다섯 살이었는데, 올해로 열여덟 살이군요."

인공 망막은 아직은 실험 단계이지만 결과는 희망적이다. 완전 실명 상태의 환자가 빛을 느낄 수 있게 되고, 물체가 어디에 있는지를 감각할 수 있게 된다. 인공 망막 이외에도 시각신경을 대체하는 다른 방법들이 연구되고 있다. 망막을 떠나 뇌 안에 들어온 시신경을 자극할 수도 있고, 뇌의 시각피질을 직접 자극할 수도 있다. 그래서 이들을 다 합해서 인공 시각이라고 하기도 한다.

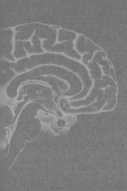

7
—
—

# 청각

헬렌 켈러는 청각장애와 시각장애가 다 있었는데, 그녀 자신은 소리를 들을 수 없는 것이 보이지 않는 것보다 더 안 좋다고 말했다. 그 이유는 볼 수 없다는 사실은 자신을 사물과 떼어 놓지만 들을 수 없는 것은 다른 사람들과 떼어 놓기 때문이라고 했다.

텔레비전 드라마를 볼 때 소리를 끄고 보는 것과 화면을 끄고 소리를 듣는 것 둘 중 하나를 택하라면 대부분 사람들은 듣는 쪽을 택할 것이다. 세계를 이해하는 데는 시각이 중요하지만 사람들과의 관계에서는 청각이 좀 더 중요해 보인다.

1980년대 후반 프랑스의 고고학자들이 프랑스 남서 지방의 선사시대 동굴을 탐사할 때였다. 이들은 독특한 방식을 이용하였는데, 바로 노래를 부르면서 탐사한 것이다. 이는 동굴에서 소리가 가장 많이 울리는 곳에 벽화가 많다는 사실을 알고 있었기 때문이

다. 아무리 원시적인 사회라도 음악이 없는 문화는 없다. 인간이
언어를 사회생활에서 본능적으로 배우듯이 음악 활동도 거의 본
능적이다.


# 청신경

**소리가 돌아가는 길** | 소리에 대한 정보는 귀를 통해서 뇌로 전달
되어 분석이 된다. 귓바퀴에 모인 음파가 바깥귀길(외이도)을 지나
고막을 건드리면 고막 안쪽의 작은 뼈를 통해 이 음파가 달팽이관
에 전달된다. 달팽이관은 실제로 달팽이처럼 생겼는데 두세 바퀴
말려 있고, 펼치면 길이가 3.5cm다. 달팽이관 안쪽은 아래쪽이 가
장 넓어 직경이 0.9cm이고, 꼭지로 올라갈수록 좁아져 맨 꼭대기
의 안쪽 직경은 0.5cm가 된다. 관의 바닥에는 얇은 막이 펼쳐져 있
는데, 여기에 털세포가 있어서 소리를 전기적 신호로 변환한다.

달팽이관 안에는 액체와 막이 있는데, 음파의 자극에 따라 움
직여 진동을 만들어 낸다. 그러면 막에 붙어 있는 털세포가 이 진
동을 전기에너지로 변화시킨다. 막은 주파수에 따라서 진동하는
부위가 달라 달팽이관의 아랫부분은 주파수가 높은 음에 진동하
고 꼭지로 갈수록 저주파수의 음에 진동한다.

털세포에서 만들어진 전기적인 신호는 청신경을 따라서 뇌줄
기를 거쳐 관자엽의 청각중추에 전달된다. 몸에서 나오는 신경이
뇌로 들어갈 때는 좌우가 바뀌기 때문에 왼쪽 달팽이관에서 나오

는 신경은 오른쪽 뇌로 가고, 오른쪽 달팽이관에서 나오는 신경은 왼쪽으로 간다. 그런데 중간에 70% 정도의 정보는 오른쪽과 왼쪽이 서로 교환이 된다. 따라서 중풍으로 뇌의 어느 한쪽 청신경이 마비된다고 해서 한쪽이 귀머거리가 되지는 않는다.

관자엽의 청각중추는 일차청각피질, 이차청각피질, 청각연합피질 등으로 나뉜다. 소리에 대한 정보는 일단 일차청각피질로 가서 개별적인 소리로 파악된다. 달팽이관에서 음파가 막을 진동시키는 부위가 주파수에 따라서 다르듯이 일차청각피질에서도 주파수에 따라서 음을 인식하는 부위가 다르다. 이는 망막에 맺힌 이미지가 뒤통수엽의 일차시각피질에 전달되는 현상과 유사하다. 일차피질을 거친 정보가 다시 이차청각피질로 가면 여러 소리 간의 관계가 파악되고, 청각연합피질에서는 좀 더 차원 높은 기능이 수행된다. 그런데 순수한 진동수로 구성된 소리를 분석하는 것은 오른쪽 뇌나 왼쪽 뇌가 차이가 없지만, 여러 진동수의 소리가 동시에 들리면 오른쪽 뇌가 좀 더 활성화된다.


## 소리의 선택적 지각

익숙해진 소음은 의미 없는 자극 │ 철로 옆으로 이사를 가면 처음 며칠 밤은 기차가 지나갈 때마다 잠이 깨지만 시간이 흘러 기차 소리에 친숙해지면 그러지 않는다. 왜 그럴까? 귀에서 포착한 소리 정보가 뇌에 전달되는 과정에서 물리학적인 음파의 속성은 서서히 의미를 가진 정보로 바뀐다. 이 과정에서 감정을 담당하는 변연계(가장자리계통)<sup>limbic system</sup>에도 정보가 전달되어 모든 소리는 의식적이든 무의식적이든 감정을 유발한다. 또 소리 정보 전달 과정은 기억중추에도 연결되어 있어서 현재 들리는 모든 소리는 기억된 소리와 비교된다. 친숙하며 해(害)가 없는 것으로 기억되어 있는 소리는 우리의 의식에 거의 도달하지 않는다. 그래서 이미 익숙해진 기차 소음은 뇌에 전달은 되지만 의미 없는 자극으로 무시된다.

동물들은 생존하려면 자기에게 중요한 소리를 선택적으로 들을 수 있어야 한다. 특히 즉각적인 반응을 보여야 하는 경우에는 더욱 그렇다. 그래서 동물들은 자신의 천적이나 먹이 또는 짝짓기 상대방이 내는 소리는 매우 잘 듣는다. 사람도 같은 방식으로 반응한다. 아무리 시끄러운 소리에도 잠을 깨지 않는 사람이라도 자기 아기의 울음소리에는 금방 깬다. 이는 인간이 소리를 듣는다는 것은 외부의 소리가 귀에 전달되는 것을 그대로 듣는 수동적인 과정이 아니라 소리가 뇌에서 재해석되는 과정임을 의미한다. 자기집을 청소할 때 들리는 청소기의 소음은 견디지만 옆집 청소기 소음은 참기 어려운 것도 그 때문이다.

# 언어와 음악
#### 언어와 음악의 소리는 다르다 | 사람들이 청각 상실을 두려워하

는 이유는 의사소통이 어려워지기 때문은 물론이고 음악을 즐길 수 없기 때문이기도 하다. 뇌에서 이 두 가지 기능은 수행하는 영역이 다르다. 일반적으로 언어에 대한 내용 이해는 왼쪽 뇌가 담당한다. 왼쪽 관자엽에 있는 청각연합피질이 손상되면 소리는 들어도 언어의 의미를 알지 못한다. 이를 베르니케 언어상실증이라고 한다.

왼쪽 뇌가 언어를 담당한다는 것은 대부분 학자들이 동의하지만 운율을 담당하는 영역은 아직 불명확하다. 운율이란 시<sup>詩</sup>의 소리 패턴이나 음악의 리듬 등을 의미한다. 한 연구에 의하면 운율은 오른쪽 뇌에서 담당하는데, 오른쪽 뇌에서도 운율을 만들고 이해하는 부위가 각기 나뉘어 있어서, 이마엽에서는 자신이 말할 때 운율을 만들고 관자-마루영역은 귀로 듣는 소리의 운율을 이해한다. 이 영역이 손상된 어떤 선생님의 경우, 화가 나거나 권위를 보이고자 할 때 그 느낌을 목소리로 전달할 수가 없어서 학생을 통솔할 수 없었다고 한다. 같은 말이라고 하더라도 억양과 분위기에 따라서 전달되는 내용이 달라지기 때문이다.

# 소리

**고른음과 시끄러운음** | 소리란 공기의 파동을 통해 사람의 고막에 전달된 물체의 진동을 말한다. 일반적으로 음과 소리는 같은 뜻이고, 음<sup>音</sup>은 소리에 대한 한자어다. 그런데 종종 소리와 음을 구별

하여 사용하기도 한다. 구별해서 사용할 때 소리는 공기의 진동에 따라 우리 귀에 들리는 모든 종류의 소리, 즉 말소리, 자연의 소리, 소음 등을 모두 포괄하는 개념이고, 음은 음악을 구성하는 단위가 되는 소리만을 말한다. 따라서 음과 소리를 구별했을 때 음은 소리의 한 종류이며, 소리는 영어의 sound, 음은 tone의 개념과 유사하다고 할 수 있다.

소리를 만드는 파동을 음파라고 하는데, 음파의 모양, 속도, 폭, 길이 등에 의해 음의 성질이 결정된다. 예를 들어 하나의 현을 튕기면 현은 위아래로 움직인다. 이 운동을 진동이라 하는데, 진동의 상하 폭을 진폭이라고 하고, 진동이 1초 동안 되풀이되는 횟수를 진동수 혹은 주파수라고 한다. 주파수는 frequency의 첫 자를 따서 'f'라고 표기하고, 단위는 헤르츠$^{Hz}$다. 현이 진동할 때 f, 2f, 3f, …등 f의 배수가 되는 무수한 진동수의 음이 발생하는데, 기본 진동수의 배수가 되는 음을 배음$^{倍音}$이라고 한다. 결국 한 현의 진동에 의해 발생하는 음은 기본음과 많은 배음을 포함한 복합음이다.

배음을 포함하지 않고 진동수가 하나인 음을 순음$^{純音}$이라고 한다. 우리가 일상적으로 듣는 악기나 사람 목소리에는 순음이 거의 없다. 순음이란 완전히 단일한 하나의 사인파로 이루어진 한 주파수의 소리로, 음색에 특징이 없고 음의 높이도 일정하다. 순음이란 이론상으로만 존재하는 것이지만 현실적으로 그에 가장 가까운 소리는 소리굽쇠를 두드렸을 때 나온다.

타악기를 제외한 대부분의 악기 소리와 사람의 목소리는 규칙적이고 주기적인 진동에 의해서 생기는데 보통 몇 개의 배음으로 이루어져 있다. 보통 음악 소리는 20개 내지 30개의 서로 다른 진동수로 이루어져 있는 복합음이기 때문에 음악 소리를 분해하면 여러 순음으로 나눌 수 있다. 반대로 순음을 섞으면 복합음을 만들 수도 있다.

배음으로 구성된 복합음은 진동이 규칙적이고 주기적이기 때문에 '고른음'이라 불리고, 진동이 불규칙하고 복잡하여 음의 높이를 알 수 없는 소리는 '시끄러운음'이라고 한다. 물체가 부딪치는 소리나 바람 소리 등이 시끄러운음이다. 음악은 일반적으로 고른음을 사용한다. 타악기에서 나는 소리는 고른음은 아니지만, 부분음 중에서 각별히 센 것이 일정한 주기를 가지면 고른음으로 간주되기도 한다.

잡음noise은 시끄러운음이다. 그런데 잡음이라고 해서 모두 듣기 싫은 소리는 아니다. 바람 소리나 파도 소리는 진동수가 여러 종류인 소리가 섞여서 나는데, 듣기에 좋다. 이런 소리를 가지고 진동수 별로 소리의 크기를 재 보면 음파의 세기가 진동수에 반비례하는 관계에 있다. 즉 진동수가 큰 소리는 세기가 작고 진동수가 작은 소리는 세기가 크다. 그러니까 세기가 진동수에 반비례하는 소리들로 구성된 소리가 사람들이 듣기에 좋다는 말이다. 이러한 잡음을 진동수에 반비례한다는 의미에서 $1/f$ 잡음이라고 한다. 아마도 자연이 만든 바람 소리나 파도 소리는 인류가 생겼을 때부터 있어 왔고 사람들이 이러한 소리에 익숙해져 있어서 듣기에 편안해할지도 모른다. 반면에 과거 TV에서 방송이 끝난 뒤에 들리는 '치' 하는 잡음은 모든 주파수의 음이 같은 크기로 섞여 있어, 사람들이 대부분 듣기 싫어한다.

# 소리의 4요소

**음고, 세기, 장단, 음색** | 청각중추에서는 음이 인식될 때 음파의 성질에 따라 다음과 같이 네 가지로 파악된다. 주파수가 높으면 소리는 높아지고, 주파수가 낮으면 소리가 낮아진다. 이러한 '높고 낮음'을 음고音高라고 한다. 음파의 진폭이 크면 소리의 크기가 커지고, 작으면 작아지는데, 이러한 '크고 작음'은 세기라고 한다. 음량音量도 음의 세기와 같은 말이다. 진동 시간이 길면 음이 길어지고, 짧으면 음이 짧아지는데, '길고 짧음'은 장단長短이라고 한다. 파형의 모양에 따라서는 음이 맑게 혹은 탁하게 들린다. 이 '맑고 탁함'은 음색音色이라고 한다. 이러한 음고, 세기, 장단, 음색을 소리의 4요소라고 한다.

## 음고

주파수에 따라서 사람들이 느끼는 음의 높고 낮음을 음고 pitch 라고 하는데, 보통 '도, 레, 미, 파, 솔, 라, 시, …'라는 단위로 표현한다. 음고는 어떤 소리의 고유한 물리적 특성은 아니고, 인간의 뇌에서 지각되는 현상이다. 모든 문화에서 '도, 레, 미, …' 와 같은 서양 음고 체계를 이용하는 것은 아니지만 알려진 모든 문화에서는 음악을 할 때 몇 개로 고정된 음고 체계를 사용한다. 그런데 진동수는 딱딱 끊어지는 숫자가 아니고 연속적인 수인데, 누가 어떻게 몇 헤르츠의 음은 '도'라고, 몇 헤르츠의 음은 '미'라고 정했을까?

음악에 쓰이는 음을 높이의 차례대로 배열한 음의 층계를 음계 scale라고 하는데, 서양 음계 이론은 고대 그리스의 피타고라스에서 시작되었다. 그는 숫자의 비례 관계로 음악 이론을 세웠는데, 당시 수는 우주의 핵심이었고, 음악은 '천체의 조화'와 관련된 것이어서 음악은 수에서 분리될 수 없었다. 전해지는 이야기에 의하면 어느 날 피타고라스가 대장간 앞을 지나가다가 쇠망치로 쇠막대 두드리는 소리를 들었는데 쇠망치 두 개에서 동시에 나는 소리가 매우 아름답게 들려 자세히 관찰했다. 그 결과 망치 손잡이의 길이가 같다고 할 때 쇠망치의 무게와 거기서 나는 소리의 높이가 비례한다는 것을 발견하였다. 두 망치의 무게 비율이 1:2이면 완전 8도(옥타브)의 소리가, 2:3이면 완전 5도의 소리가 난다는 것이다.

지금부터 2,500년 전부터 전해 내려오는 일화가 사실인지는 확인할 수 없지만, 그는 오랫동안 협화음으로 인식된 8도와 5도의 소리가 수와 관련된다는 사실을 발견한 것으로 보인다. 그의 조율 체계는 지금 피타고리안 음계로 불리는데, 각 음들 간의 주파수

| 그림 7-1 | 바흐의 건반악기 작품 중 가장 유명한 것은 두 개의 〈평균율 클라비어 곡집〉이다. 이 두 권 모두 당시 건반악기로서는 새로운 조율 체계인 평균율에 가깝게 조율된 악기로 어떤 조든지 연주할 수 있다는 가능성을 보여 주기 위해 고안된 작품이다.

비율을 3:2로 해서 음들을 쌓아 간다.

15~16세기에는 피타고리안 조율을 향상시키기 위해 순정율을 발달시켰지만 이것도 피타고리안 음계와 마찬가지로 음정이 음들 간의 비율로부터 만들어졌기 때문에 그 음계의 음들이 유래한 조성 안에서는 별다른 문제가 없지만 다른 조로 이동할 때는 음계의 음정이 변한다. 그리고 음들의 위치가 비율에 의해 정해졌기 때문에 중요한 중간 옥타브 음조차도 중앙에서 약간 벗어난다. 이런 문제는 17세기 바로크 시대에 모든 음이 동일한 간격을 유지할 수 있게 하기 위하여 각각 음의 진동수가 바로 앞 음보다 5.7%씩 증가하도록 음계를 분할함으로써 해결되었다. 그 결과로 생긴

음계를 평균율이라고 한다. 이후 서구 음악에서 한 옥타브는 열두 개의 음으로 이루어지게 된다.

그런데 왜 한 옥타브는 열두 개의 음으로 나누어져야 하는가? 두 개나 백 개로 분할될 수는 없을까? '도'와 '도-샤프' 사이에 중간 음을 삽입했을 때 몇 개까지 두뇌가 인식할 수 있는지를 실험해 본 결과에 의하면 1/4음정이 최대한인 것으로 나타났다. 한 옥타브는 열두 개의 음으로 이루어져 있으니까 결국 한 옥타브 안에서 인간이 구별할 수 있는 음의 수는 마흔여덟 개가 최대다. 12음정 이상의 음계로는 24음정을 가진 음계가 중동에서 발견되었으며, 인도에는 22음정이 있다. 반대로 12음정 미만의 음계도 아주 흔하다. 가장 극단적인 경우는 두 개의 음으로 이루어진 음계인데, 몇몇 오스트레일리아 원주민들이 사용한다. 훨씬 더 널리 퍼진 것은 5음계로 우리나라를 포함한 아시아에 흔하다.

우리가 음악을 들을 때 음고를 느낀다는 것은 음 간의 거리를 느낀다는 의미인데, 두 음 사이의 거리를 음정이라 한다. 음정은 낮은 음에서 높은 음으로 센다. 예를 들면 '도'에서 '미'까지는 '도-레-미', 즉 3도가 된다. 일반적으로 음악적 재능이 뛰어난 사람일수록 음정을 잘 느끼고 잘 기억한다. 이들은 여러 음고의 음을 일정 간격으로 나누고 분류함으로써 음정을 알아내는데, 이는 음고 영역의 출발점에 대한 상대적인 감각 능력이기 때문에 상대음감이라고 한다. 우리는 대부분 상대음감을 가지고 있다. 가령

〈생일 축하합니다〉를 부른다고 할 때 항상 같은 음에서 시작하지는 않는다. 그러나 일단 시작하면 시작점을 기준으로 음고를 맞춘다. 이것이 상대음감이다. 그러면 우리는 어느 정도의 상대음감을 가지고 있을까?

주파수 100Hz부터 8,000Hz까지의 음역을 균등하게 분할하여 각 음마다 번호를 매긴 다음, 사람들에게 음을 하나씩 들려주고 몇 번 음인지 맞추게 한 실험이 있었다. 음역을 두 개나 세 개로 균등하게 분할한 음에 대해서는 사람들은 전혀 혼동하지 않았다. 네 개의 음이 있을 때도 비교적 정확하게 맞추었지만 다섯 개의 음이 들어가면 점차 혼동하기 시작하였고, 열네 개의 음에 대해서는 절반도 채 못 맞추었다. 100~8,000Hz의 음역이란 여섯 옥타브가 넘는 아주 넓은 범위이고, 일반적인 음악에서 사용하는 음역 전체에 해당한다. 따라서 반음계로 따지면 이 음역에는 거의 백 개에 달하는 음고들이 있다. 이를 열네 개로 나누면 두 음의 음고 차이가 대략 한 옥타브의 반이 되는데, 일반인들은 이를 알아차리기가 어렵다는 말이다.

뇌의 어디에서 음고를 판단하는지에 대한 연구 결과를 보면 특정 영역이 담당한다기보다는 일차청각피질, 이차청각피질, 청각연합피질 등이 모두 관여하는 것으로 보인다. 흥미로운 점은 음악가 중에는 절대음감을 가진 사람들이 있는데, 이들은 왼쪽 뇌의 관자엽널판<sup>planum temporale</sup>이 월등히 크다. 관자엽널판은 청각연합피질에 속하는 부위로 언어 능력과도 관계된다.

절대음감이란 어떤 음을 들으면 곧바로 그 음의 음높이를 판별할 수 있는 청각 능력을 말한다. 즉 피아노 건반 치는 소리만 듣고 어떤 건반을 쳤는지 아는 것이다. 절대음감을 가진 사람은 음표의 높이와 길이를 기억하는 능력이 뛰어나다.

걸출한 음악가는 특별한 교육을 받지 않았는데도 어릴 때부터 음악적 재능을 나타내는 경우가 많다. 음악 신동 모차르트는 열네 살 때 9성부 합창곡인 〈미제레레 Miserere〉를 겨우 한 번 듣고 전체 악보를 적어 낸 것으로 유명하다. 일반인들도 피아노 건반으로 다른 음을 순차적으로 치면 어느 음이 높은 음인지를 안다. 물론 너무 가까우면 판별하지 못하고, 1~2 옥타브 이상은 떨어져 있어야 한다. 이러한 상대음감은 사람들 대부분이 가지고 있지만 절대음감은 흔한 현상이 아니다. 일반인은 10,000명 중 한 명꼴로 절대음감을 보유하고 있다고 하는데, 음악 학교에서 훈련된 음악가의 경우 대략 5%가 절대음감 보유자다. 그러나 절대음감이 음악가에게 꼭 필요한 능력은 아니다. 모차르트와 달리 바그너와 슈만은 절대음감 능력이 없었다.

절대음감을 가지기 위해서는 어린 나이에 교육을 시작하는 것이 중요하다. 4~7세가 지나면 자신이 접해 온 음악 문화에 따른 상대적 지각을 선호하기 때문이다. 앞서 5장 '감각의 발달' 중 음악 감각의 발달 부분에서 언급했듯이 4세 이전에 음악 교육을 시작한 음악가들은 40%가 절대음감을 가지고 있었지만, 9세 이후에 시작한 음악가들은 3%만이 절대음감을 가지고 있었다는 조사 결과도 있었다. 그런데 이 결과는 절대음감에 조기교육이 중요하다는 의미일 수도 있지만, 절대음감을 타고난 아이들이 음악을 빨리 시작했기 때문에 나타난 것일 수도 있다. 절대음감을 가진 사람들은 그렇지 않은 사람보다 가족 중 절대음감 보유자가 네 배 더 많은데, 이는 절대음감에 조기교육뿐만 아니라 유전성이 관여한다는 의미다.

절대음감을 가진 음악가의 뇌에서 관자엽널판이 유난히 크다는 사실에서 이들의 뇌 활동이 일반인들과는 다를 것이라고 예상할 수 있다. 이들에게는 개가 E-플랫 장조로 짖어 대고, 에어컨 소리가 F-샤프 단조로 윙윙거리는 것처럼 들릴 수 있다. 절대음감이 있는 음악가들은 음악을 들을 때 조건학습과 관련된 영역의 활동성이 증가하는 반면, 절대음감이 없는 사람들은 작업기억을 담당하는 부위가 활성화된다. 조건학습이란 파블로프의 개처럼 특정한 자극에 대해 무의식적인 반응을 보이는 것이고, 작업기억이란 잠시 어떤 일을 기억하는 것이다. 즉 절대음감은 무의식적인 반응이고 상대음감은 의식적인 반응이라는 의미다.

윌리엄증후군은 염색체 이상에 의해 발생하는 유전 질환인데, 정신지체와 조기 노화가 특징이다. 그런데 특이하게 이 증후군을 앓는 아이들은 절대음감을 가지고 있는 경우가 많다. 절대음감을 가진 윌리엄증후군 환자 다섯 명을 연구한 바에 의하면, 이들은 평균 지능지수는 58이었지만 음악적 재능이 뛰어났다. 이들은 각각 5, 7, 8, 10, 11세에 음악을 시작하였으며, 다섯 명 모두 음고 인식 능력이 뛰어났으며 노래를 잘했다. 이들 윌리엄증후군 환자들을 연구하면 절대음감 유전자를 찾을 수도 있을 것이다.

한 옥타브는 '도'에서 시작하여 '레, 미, 파, 솔, 라, 시'로 끝나며 새로운 옥타브가 '도'에서 다시 시작한다. 다시 시작하는 '도'는 앞의 '도'와 느낌이 비슷하다. 진동수가 두 배가 되는 관계에 있기 때문이다. 즉 진동수가 두 배가 되면 같은 음으로 돌아오는 느낌에서 옥타브라는 개념이 만들어졌다. 옥타브로 분리된 음들은 서로 비슷하여 우리는 그것들을 같은 소리의 변형으로 받아들인다. 옥타브 단위로 같은 음이 반복되는 현상을 옥타브 등가<sup>等價</sup>라고 한다. 절대음감을 가진 음악가들조차 음은 정확하게 맞추면서도 자칫 옥타브는 틀리기도 한다.

기타 줄을 한 번 튕기면 여러 진동수의 소리가 같이 울린다. 이소리는 줄 전체가 진동하는 기본 진동수와 이의 배수가 되는 진동수의 음인 배음으로 이루어져 있는데, 이 배음이 바로 옥타브의 질서로 구성된 것이다. 이러한 옥타브 등가 덕분에 우리 뇌가 복잡한 음을 체계적으로 이해할 수 있게 되었고, 하모니 음악도 만들 수 있게 되었다. 인간이 들을 수 있는 주파수의 범위는 20Hz에서 20,000Hz인데, 이 범위 안에는 옥타브가 열 개 있다. 피아노는 대개 여든여덟 개의 키를 가지고 있고 대략 일곱 개의 옥타브가 있는데, 옥타브 등가가 없다면 중간C는 높은C와 같지 않을 것이며 여든여덟 개 키는 각기 독자성을 지닐 것이다.

다른 포유류도 인간과 같은 방식으로 옥타브를 감지하는 것으로 보인다. 동물들의 목을 비롯한 진동하는 신체 부위는 기본 진동수와 그것의 두세 개 옥타브 위에 있는 배음을 만들어 낸다. 따라서 우리의 두뇌가 배음을 인식한다는 사실은 진화론적인 근거가 있어 보인다.

옥타브 등가는 대부분의 문화권에서 나타나는 현상이다. 지금까지 단 한 종족에서만 예외가 발견되었다. 어떤 오스트레일리아 원주민 종족은 노래할 때 옥타브에 따르지 않으며 음역이 단지 한 옥타브로 한정되어 있다. 이를 제외하면 옥타브 등가는 인류가 만들어 낸 음악의 보편적인 현상으로 보인다. 과학자들은 오랫동안 옥타브 등가 현상의 근거에 대해서 연구했지만 아직 배가된 진동수가 똑같은 소리로 들리는 이유는 알아내지 못했다.

## 소리의 세기

소리는 진폭이 클수록 진동에너지가 커져 고막을 훨씬 더 강하게 자극한다. 소리의 세기는 에너지로 나타낼 수 있으며 전력과 마찬가지로 와트$^W$ 단위로 표현한다. 악기 소리의 경우 플루트나 클라리넷은 가장 작은 소리에서 0.05W 정도이고 대규모의 오케스트라는 67W까지 낼 수 있다.

색소폰 연주자는 색소폰을 불 때 땀을 흠뻑 쏟아 낼 정도로 힘을 들인다. 피아노 건반을 두드리거나 드럼을 치는 사람들도 마찬가지로 엄청난 에너지를 쓴다. 하지만 정작 그들이 쏟는 에너지의

1% 이하만이 소리로 만들어진다. 흥미롭게도 흔히 사용하는 60W 백열전구의 에너지 효율 1%와 같다. 대규모 오케스트라가 내는 소리의 에너지를 전기에너지와 비교하면 전구 100개가 불을 밝힐 때의 에너지에 해당한다.

주파수는 먼 거리를 이동하더라도 변하지 않지만 음파의 에너지는 거리가 멀어질수록 줄어든다. 일반적으로 음파의 에너지가 크면 우리 귀에도 크게 들린다. 소리의 강도는 데시벨<sup>dB</sup> 단위로 측정한다. 데시벨은 절대적인 소리의 크기가 아니라, 백분율처럼 일정 크기가 없는 단위로, 두 소리 크기의 비율을 나타낸다. 데시벨 0은 귀가 감지할 수 있는 가장 희미한 소리를 나타내며, 10은 그 세기에서 열 배 증가한 것을 말한다. 보통 대화하는 소리는 60dB 이고 제트 여객기가 이륙하는 소리는 120dB이다. 인간이 들을 수 있는 한계는 150dB이고 그 이상에서는 고막이 손상된다.

물리학적으로 주파수는 무한하지만 인간의 귀가 들을 수 있는 영역은 그중 일부에 불과한 것처럼 우리가 들을 수 있는 소리의 세기도 그 범위가 한정되어 있다. 우리가 듣는 음악 소리의 세기는 보통 30dB에서 110dB 사이의 범주다. 이 범위에서 가장 큰 소리는 가장 부드러운 소리의 여덟 배 크기다.

악보에는 대개 일곱 단계의 셈여림표가 있다. '가장 여리게'를 의미하는 피아니시모<sup>pianississimo, ppp</sup>에서 '가장 세게'를 뜻하는 포르티시시모<sup>fortississimo, fff</sup>는 각 단계마다 6dB의 차이가 난다. 따라서 연주자가 일곱 단계의 소리를 모두 내려면 42dB 범위 이상의 소리를 내야 한다. 그러나 전문 음악인조차도 15dB의 범위를 넘기지 못한다. 그래서 소리의 세기를 증가시키려면 악기의 개수를 늘려야 한다. 가장 큰 세기인 포르티시시모에서 소리를 두 배로 증가시키는 데에는 악기가 대략 열 배 정도 더 필요하다.

## 소리의 장단

소리의 장단을 뇌가 인식하는 방식은 다른 요소에 비하면 단순하다. 소리가 길게 나오면 뇌도 길게 느끼고, 음이 짧으면 짧게 느낀다. 그런데 일반적으로 뇌신경은 금방 피로해지는 성질이 있기 때문에 같은 자극이 지속되면 반응을 하지 않는다. 이는 망막세포에서 쉽게 확인해 볼 수 있는데, 눈을 고정시키고 한 곳만 바라보면 불과 몇 초 만에 그 사물이 보이지 않는다. 그러나 시선을 움직였다가 다시 보면 뚜렷하게 보인다. 청각신경에서도 같은 현상이 나타난다. 1분 동안 똑같은 음을 같은 세기로 들려주면 후반에는 소리가 들리지 않는다. 이를 청각 피로<sup>tone decay</sup>라고 하는데, 특히 청각신경이 손상된 경우 많이 나타난다. 흔히 합성된 음을 들을 때는 실제 악기 소리를 들을 때보다 감동이 적다고 한다. 같은 음에는 쉬이 피로해지는 청각신경이 합성된 음보다 진동수의 변화가 훨씬 다양한 실제 악기에서 훨씬 풍부한 느낌을 받기 때문이다.

소리가 나는 방향을 확인할 때 우리는 양쪽 귀에서 들리는 소리의 시간 차이를 이용하는데, 이때 두 귀에 들려오는 소리의 시간 차는 0.001초 이내다. 만약 서로 다른 근원지에서 0.001초보다 짧은 간격으로 거의 동시에 소리가 나면 우리 뇌는 두 근원지의 중간 지점에서 소리가 난 것으로 인식한다.

만약 두 음이 0.002초에서 0.01초, 길게는 0.02초까지의 간격으로 들린다면 두 번째 음은 첫 번째 음에 합해져서 첫 번째 음 하나로 들린다. 즉 두 번째 음의 방향성은 무시되고 첫 번째 소리가 더 커지는 효과를 나타낸다. 만약 우리 뇌에 이런 장치가 없다면 수많은 반향음이 들리는 실내에서는 소리가 어디에서 나는지 방향을 알 수 없을 것이다. 그리고 0.01초에서 0.5초의 간격을 두고 들리는 두 음은 서로 합해지지는 않지만 두 번째 음이 약하게 들린다. 이러한 청각신경의 특성 때문에 사람이 들을 수 있는 음은 시간적으로 제한되어 있다. 아무리 음악적 감각이 뛰어난 사람이라고 할지라도 1초에 30개의 음을 들을 수는 없다.

콘서트홀에서 사람들은 세 종류의 소리를 듣는다. 가장 먼저 들리는 소리는 무대에서 자신에게 곧장 오는 소리다. 그 다음에는 천장과 벽에서 반사되는 최초의 반향음이 들리고 이후에는 점점 소리가 줄어들면서 사라지는 잔향이 들린다. 잔향이란 음파가 물체의 표면을 스쳐 튀어 오르면서 생겼다가 점차 사라지는 소리를 말한다. 콘서트홀에서는 반향이나 잔향이 적을수록 소리가 명확해지는 반면 건조한 느낌을 주고, 잔향이 많으면 소리가 풍요로워지지만 명확성이 떨어진다. 그래서 균형이 필요한데, 일반적으로 콘서트홀은 잔향 시간이 1.5~2.5초가 되도록 설계한다.

산에서 소리를 지르면 소리가 앞산까지 갔다가 반사되어 메아리로 돌아온다. 이때 첫 반향음인 큰 메아리가 들리고 나서 이후에는 점차 잔향이 되어 줄어들면서 사라진다. 그런데 야외에서는 원래의 소리와 첫 반향음과 잔향 등이 확실히 나누어지지만, 콘서트홀과 같은 실내에서는 원래의 소리와 첫 반향음이 구별되지 않는다. 원래의 음과 첫 반향음의 발생 시간 차가 짧을 때는 반향음이 원음에 섞여 들리기 때문이다. 이는 다시 말해 두 개의 소리가 0.002초에서 0.01~0.02초의 간격일 때는 두 번째 음이 첫 번째 음에 합해지는 청각신경의 특징 때문이다.

만약 첫 반향음이 0.03초 이상 지체되어 들린다면 원래의 음과 반향음이 분리가 되기 때문에 우리의 뇌는 불편함을 느낀다. 그래서 콘서트홀을 설계할 때는 이러한 청각신경의 특성을 고려한다. 천장이 너무 높은 경우는 첫 반향음이 들리는 시간을 줄이기 위해 천장에 판을 매달아 놓기도 하고, 스피커로 소리가 나오는 시간을 조정하기도 한다. 또 사람들은 머리 위에서 들리는 반향음보다 측면에서 나오는 반향음에 더 편안함을 느낀다. 그래서 콘서트홀에서 발생하는 반향음과 소리의 속도를 고려하면 가장 좋은 자리는 무대에서 멀지 않고, 중앙에서는 약간 벗어난 곳이다.

## 음색

오보에와 비올라를 같은 주파수로 연주한다고 해서 같은 소리가 나는 것은 아니다. 음색이 서로 다르기 때문이다. 사람들의 목소리가 모두 다른 것도 음색 때문이다. 그러나 음색은 정의하기가 쉽지 않다. 음색을 음의 색<sup>color</sup>이나 질<sup>quality</sup>이라고 풀이할 수도 있지만 애매하긴 여전하다. '맑고 탁함'은 음색의 한 가지 차원에 불과하다. '음이 풍성하다, 감미롭다, 가늘다, 날카롭다, 둔탁하다, 고상하다' 등이 모두 음색을 지칭하는 표현이다.

음색을 느끼는 부위는 오른쪽 관자엽에 있는데, 멜로디를 감지하는 부위와 겹친다. 그래서 일반적으로 멜로디 감각을 잃으면 음색에 대한 감각도 잃는다. 그러나 오른쪽 뇌에 중풍이 걸린 환자가 멜로디 감각은 유지한 채 음색에 대한 감각만 잃은 사례가 있는 것을 보면 담당 부위가 동일하지는 않은 것으로 보인다.

## 음악의 요소

리듬, 멜로디, 하모니 │ 음악이란 음<sup>音</sup>을 재료로 하여 생각이나 감정을 표현하는 예술이다. 그런데 모든 소리가 음악은 아니다. 사람이 만들어 낸 소리를 다른 사람들이 음악으로 인식할 때 비로소 그 소리는 음악이 된다. 즉 어떤 소리가 음악인지 아닌지는 듣는 사람에 의해 결정된다. 단 그것은 한 개인이 아니고 문화를 공유하는 집단에 의해 결정된다. 그래서 똑같은 소리가 어떤 사회에서는 음악이고 다른 사회에서는 음악이 아닐 수도 있다.

보편적으로 음악은 길고 짧은 음과 세고 약한 음이 순차적으로 결합되어 있다. 이를 리듬이라고 한다. 여기에 음높이의 변화가 결합하면 멜로디(가락, 선율)가 되고, 여러 음이 동시에 표현되면 하모니(화성)가 된다. 이들 리듬, 멜로디, 하모니를 음악의 3요소라고 한다. 그런데 하모니가 없는 음악도 많이 있으므로 음악을 이루는 기본 요소는 리듬과 멜로디다. 따라서 소리가 리듬과 멜로디를 가지면 음악이 된다고 할 수 있다.

### 리듬

박자나 빠르기<sup>tempo</sup> 등으로 표현되는 리듬은 음악에 구조를 제공하기 때문에 음악의 가장 근본적인 요소다. 리듬은 흔히 심장의 박동에서 비롯되었다고 하는데, 이런 추정은 수세기 전부터 있었다. 바로크 시대에는 음악의 적절한 속도가 분당 76~80박이었는데, 이는 평균 심장 박동수와 일치한다. 한편 리듬이 근육 움직임과 같은 인체 동작에서 생겨났다는 주장도 있다.

플라톤은 리듬은 육체가 아니라 마음에서 나온다고 했다. 리듬이란 발을 까닥거리는 동작이나 몸을 움직이는 춤으로 표현되기는 하지만 결국은 두뇌의 작용이다. 사람의 생체리듬을 조절하는 부위도 뇌다. 그래서 심장병 때문에 맥박이 불규칙해도 노래는 잘할 수 있으며 팔다리가 마비되어도 박자는 잘 맞추지만, 파킨슨병을 앓는 환자는 박자를 맞출 수 없다.

악보에서 세로줄로 나뉜 한 칸을 마디라고 하는데, 한 마디 안에 들어가는 박자 수는 일정하다. 박자란 일종의 묶는 작업이라고 할 수 있는데, 이처럼 세상을 묶어서 인식하는 것이 우리 뇌의 작동 방식이다. 박자는 대부분 2~3박자다. 4박자도 2박의 두 묶음으로 듣는다. 5박자 이상의 음악도 있으나 사람들이 리듬을 느끼기가 어렵다.

지능은 떨어지지만 절대음감을 지닌 음악 천재들이 있다. 특출 백치증후군(서번트증후군)이라고 불리는 이들은 하모니에 대해서 특별히 예민한 감각과 기억력을 가지고 있어서 곡을 한 번 듣기만 하고도 악보 없이 그대로 연주해 낼 수 있다. 그러나 이러한 음악적 능력은 특출해도 리듬감은 엉망인 경우가 많다. 이는 우리 뇌가 리듬을 멜로디나 하모니와는 별개로 처리한다는 것을 의미한다. 뇌 손상 후에 리듬감을 잃어버린 환자들을 연구한 바에 의하면 리듬에 대한 인식은 관자엽, 마루엽, 이마엽 등에서 관여하는데, 오른쪽이나 왼쪽 어느 한쪽 뇌에 편중되지 않고 양쪽에 걸쳐 있다고 추정된다. 멜로디나 하모니는 주로 오른쪽 뇌가 담당하는 것과는 대조적이다.

## 멜로디

번화한 길거리에 흔히 보이는 네온등의 불빛은 좌우 위아래로 빠른 속도로 이동한다. 사실 이때 네온등의 수많은 전구 하나하나에 불이 들어왔다 꺼졌다 하는 것이지 실제 전구가 이동하지는 않는다. 그러나 우리 눈에는 전구의 불빛이 이동하는 것처럼 보인다. 우리 뇌에서 일어나는 일종의 환상이다. 이러한 환상은 음악을 들을 때도 나타난다. '도, 레, 미, 파, 솔, 라, 시'를 피아노 건반으로 순차적으로 쳐 보면 처음의 음이 계단을 타고 올라가는 것처럼 느껴진다. 네온등을 볼 때와 마찬가지로 우리 뇌는 음의 변화를 움직임으로 느낀다. 연속되는 음들의 연결에서 음이 올라가는 패턴 혹은 내려가는 패턴을 멜로디 윤곽이라고 한다.

음악에는 대부분 멜로디 윤곽이 있는데, 멜로디 윤곽을 느끼는 것은 전문 음악가나 일반인이나 별 다를 바 없다. 아이들이 처음으로 경험하는 음악도 멜로디 윤곽이다. 따라서 우리는 멜로디 윤곽으로 멜로디를 느낀다고 할 수 있다. 멜로디는 이처럼 여러 음이 시간적으로 연결되어 만들어지는데, 사람들은 리듬이나 하모니보다는 멜로디를 쉽게 기억한다.

오른쪽 관자엽을 절제했거나 그 부위에 중풍이 생긴 사람들은 멜로디를 인식하지 못하지만 왼쪽 관자엽을 절제한 경우에는 멜로디를 인식한다. 이를 보면 멜로디는 오른쪽 뇌에서 담당하는 것으로 보인다. 그런데 전문 음악가들이 멜로디를 인식할 때는 왼쪽 뇌가 훨씬 활성화된다. 왼쪽 뇌가 음고에 대한 세밀한 감각을 담당한다는 사실로 미루어 보면 전문 음악가들은 멜로디를 그저 통일된 윤곽으로 듣기보다는 좀 더 세밀하게 느끼고 기억한다고 할 수 있다. 전문 음악가들은 음악 요소를 체계적으로 분석하고 인식하는 훈련을 한다. 이런 분석 능력은 왼쪽 뇌의 특징이다. 따라서 전문가들은 주로 왼쪽 뇌를 사용하여 멜로디를 만들고 일반인들은 오른쪽 뇌로 멜로디를 듣는다고 할 수 있다.

## 하모니

멜로디가 음의 순차적 연결이라고 하면 하모니는 음의 수직적 연결이다. 두 개 이상의 음이 동시에 울리는 화음을 연결하면 하모니가 된다. 음악의 하모니는 그림의 공간에 비유될 수 있다. 원근법이 르네상스 시대 회화에 도입된 것과 거의 동시에 서양 음악의 하모니가 훨씬 정교해졌는데, 원근법이 그림에 삼차원적인 공간을 보여 주듯이 하모니는 시간과 음의 높이라는 이차원적인 음악에 깊이라는 삼차원적인 느낌을 부여한다.

일반적으로 피아노 건반을 아무렇게나 치는 소리는 대부분의 사람들이 싫어한다. 물론 사람에 따라 다르기는 하지만 바로 인접해 있는 피아노 건반 두 개를 동시에 쳐서 나오는 소리는 뭔가 어색하게 들린다. 이를 단2도라고 하는데 안어울림 음정에 속한다. 음악가들은 음정을 두 가지로 나누는데, 우리 귀에 평온하게 들리면 어울림 음정(협화음)이라고 하고, 불쾌하게 들리면 안어울림 음정(불협화음)이라고 한다. 태어난 지 몇 개월 안 된 아이들도 안어울림 음정보다 어울림 음정을 더 좋아한다.

소리의 진동이 처음으로 신경 신호로 바뀌는 곳이 달팽이관의 막인데, 막은 음을 진동수에 따라서 순차적으로 처리한다. 그래서 진동수가 비슷한 음을 처리하는 막은 바로 인접해 있는데 단2도처럼 음고가 너무 가까운 음이 함께 들리면 막에서는 두 음을 동시에 처리하기가 어렵다. 그렇기 때문에 진동수가 비슷한 음들은 서로 어울릴 수가 없다.

완전 어울림 음정으로 분류되는 완전1도, 완전8도, 완전5도, 완전4도는 두 음의 진동 수 비율이 각각 1:1, 1:2, 2:3, 3:4이다. 진동수가 정수의 배수가 될 때 각 음의 배음이 겹쳐 우리에게 편안하게 들리는 것으로 생각할 수 있다.

하모니를 느끼는 신경 작용에 대해서는 아직 확실히 밝혀진 바가 없지만 오른쪽 뇌에서 관여하는 것으로 추정된다. 일반적으로 왼쪽 뇌는 주로 시간의 흐름에 따라 일어나는 사건들의 관계를 파악하고, 오른쪽 뇌는 주로 동시에 일어나는 사건들의 관계를 파악하기 때문이다.

양쪽 위관자이랑에 손상을 입어 안어울림 음정에 대한 지각만 선택적으로 없어진 환자가 있는 것을 보면 우리 뇌에서 하모니를 느끼는 과정은 리듬이나 멜로디 지각과는 별개로 작동하는 것 같다. 안어울림 음정에 반응하는 일차청각피질이 확인되었다는 연구도 있었고, 안어울림 음정이 해마, 해마이랑, 편도체 등과 같은 감정 활동과 관계된 변연계 주변부를 자극한다는 연구도 있었다. 이런 연구 결과를 보면 하모니에 대한 느낌은 아마도 달팽이관에서 시작하는 청각신경계뿐만 아니라 감정을 관할하는 변연계 등이 모두 관여하는 것으로 보인다.

넓은 의미의 하모니는 세계 각지의 음악에 있었으나 대부분은 우발적이었다. 두 개 이상의 음을 동시에 결합한 화음에 기초한 하모니는 17세기 바로크 시대 서양에서 시작되어 19세기 중반 슈만, 쇼팽, 리스트 등이 활동하던 낭만주의 시대에 절정에 이른다.

그러나 서양 중세의 그레고리오 성가나 여러 나라의 민요 등과 같이 화음이 없는 음악도 많이 있으므로 하모니를 음악의 절대적인 요소라고는 할 수 없다.

## 음치증 = 음악상실증

**진짜 음치는 자신의 음정이 틀렸다는 것을 모른다** | 일반인의 15% 정도는 노래할 때 음정이나 박자를 잘 맞추지 못한다. 이들을 흔히 음치라고 한다. 이들 대부분은 자신의 음정이 틀렸다는 것을 스스로 안다. 그런데 노래를 잘 못하던 사람이 노래 학원에 다니면서 노래 실력이 좋아지는 경우가 많이 있다. 이들은 진짜 음치가 아니며 그동안 음악을 많이 접해 보지 못했기 때문에 노래를 못했을 뿐이다. 아무리 연습해도 음악 실력이 좋아지지 않는 사람이 진짜 음치다. 진짜 음치는 자신의 음정이 틀렸다는 것을 모른다.

음치란 음정에 대한 이해가 전혀 없는 사람을 말하는데, 영어 tone-deafness가 좀 더 이해가 쉬운 표현이다. 말 그대로 음$^{tone}$의 높이를 전혀 느끼지 못한다는 의미다. 이들은 소리는 잘 듣지만 음정을 느끼고 인식하는 것이 부정확하고 일정하지가 못하다. 이에 해당하는 사람은 전체 인구의 약 5%다. 즉 노래할 때 음정과 박자를 못 맞추는 사람의 30%만이 진짜 음치에 해당한다. 이들은 대부분 본래 음치로 태어난다. 이런 선천적 음치는 유전성이 커서

약 70~80%가 유전에 의해 결정된다.

음치$^{tone-deaf}$ 대신 음악적인 능력을 잃어버렸다는 의미의 음악상실증$^{amusia}$이라는 말이 사용되기도 한다. 이는 음정의 변화를 느끼지 못할 뿐 아니라 리듬감도 없다는 것을 의미한다. 이들은 노래할 때 음정뿐만 아니고 박자도 전혀 맞추지 못한다. 그러나 진정한 의미의 리듬감이 없는 사람은 없다. 음고를 느끼지 못하는 선천적 음치들도 음고의 변화가 없는 음으로 박자를 테스트하면 박자를 잘 맞춘다. 그런데 음고의 변화를 동반한 음으로 박자를 테스트하면 박자를 잘 맞추지 못한다. 즉 이들이 음악에서 박자를 잘 맞추지 못하는 것은 음고의 변화 때문이지 리듬감 자체의 결함은 아닌 것이다. 결국 음악상실증의 기본적인 문제는 음고를 느끼지 못하는 것이기 때문에 음악상실증은 음치와 같은 의미라고 할 수 있다.

선천적 음악상실증 환자들은 음악을 들으면 어떤 감정을 느낄까? 선천적으로 음감이 전혀 없던 한 중년 여성은 태어날 때부터 멜로디를 인식할 수도 구별할 수도 없었다. 어릴 때 음악과 접할 기회도 충분히 있었고 청력도 정상이었지만 음악은 그녀에게 단지 소음이었다. 그래서 음악 듣기를 무척 싫어하였다. 그녀는 음고 변화를 알지 못하였으며, 사람 목소리의 높낮이를 구별하는 능력도 떨어졌다. 뇌 기능의 이상 여부를 확인하기 위한 여러 검사에서는 모두 정상이었다. 그런데 그녀의 다른 가족 구성원들도 비슷하게 음고를 구별하는 능력이 떨어졌다.

그런데 선천적 음악상실증 환자라고 해서 모두 음악을 싫어하는 것은 아니다. 자기는 음정을 전혀 모르지만 음악을 즐기는 사람도 많다. 즉 음악을 지각하지 못한다고 해서 음악으로 감정 전달이 불가능한 것은 아니다.

음악을 잘 하던 사람이 음악에 대한 인식, 이해, 기억, 따라 부르기, 악보 읽기, 악기 연주 등의 능력을 잃어버리는 경우를 후천적 음악상실증이라고 한다. 대개는 중풍에 의해서 발생한다. 가장 흔한 증상은 멜로디를 못 느끼는 것이다. 그런데 음악상실증은 단독으로 증상이 발생하는 경우는 거의 없고 대부분 다른 증상을 동반한다. 50% 이상은 언어장애를 동반하고, 30%는 청각장애를 동반한다. 그런데 말을 하지 못하면 금방 눈에 띄지만 음악상실증은 잘 모르고 지나치는 경우가 많다. 노래를 잘 하던 노인이 중풍을 맞고 노래를 못하면 귀가 잘 안 들리거나 근육 활동이 부자연스러워서 그런 것이라고 생각한다. 그래서 음악상실증은 음악가에게 일어나지 않는 한 대부분 병이라는 사실을 모르고 지나간다.

일차청각피질에 손상을 입으면 귀는 소리를 듣지만 뇌가 지각하지 못하기 때문에 귀머거리와 마찬가지다. 이차청각피질에 손상을 입을 경우에 소리를 듣지만 음악을 이해하지 못하는 음악상실증이 된다. 각각의 소리는 듣지만 그것의 음악적 의미를 알지 못하는 것이다. 말소리를 들어도 그 말의 뜻을 모르고 음악을 들어도 그것이 어떤 악기에서 나오는 소리인지 구별하지 못한다.

전형적으로 언어 의미를 이해하지 못하는 경우는 왼쪽 뇌에 손

| 그림 7-2 |  음악상실증을 앓은 대표적인 음악가는 프랑스의 작곡가 모리스 라벨이다.

상을 입었을 때 발생하고, 음악 소리의 의미를 알지 못하는 경우는 주로 오른쪽 뇌가 손상되었을 때 나타난다. 그래서 왼쪽 뇌가 손상되어 언어 능력이 없어진 사람들 중 상당수가 노래는 부를 수 있다. 더욱이 말로는 못 하는 단어도 노래로는 부를 수 있다. 오른쪽 뇌 손상으로 음악상실증에 걸린 한 음악 교수는 왼쪽 뇌가 온전하고 지적 능력에도 손상이 없어서 곧바로 교단으로 돌아와 학생들을 가르치고, 지휘를 하고, 책을 쓰고, 새로운 언어를 배우기까지 했다. 하지만 그는 음악을 들어도 즐거움을 느낄 수 없었고, 지휘할 때에도 이전처럼 열정을 느낄 수가 없었다.

역사적으로 가장 유명한 음악상실증 환자는 음악가 모리스 라벨M. Ravel이다. 진보적인 음악을 만들어 내던 그는 52세가 되던 1927년부터 서서히 음악상실증 증상이 나타났다. 그로부터 5년 뒤에는 교통사고로 뇌를 다치면서 베르니케 언어상실증 환자가 되어 버린다. 베르니케 언어상실증은 말은 하지만 자신이 사용하는 언어의 의미를 잘 모르며, 다른 사람의 말도 이해하지 못하기 때문에 동문서답하는 병이다. 그런데 그는 병에 걸린 뒤에도 예전에 자신이 만든 곡을 연주하거나 따라 부를 수 있었고, 다른 사람이 자신의 작품을 연주할 때 조금이라도 잘못되면 지적을 할 수도 있었다. 그러나 음악적 심상을 구체화하여 이를 종이에 옮기는 능력은 회복하지 못했다. 음악을 기억은 하고 있었지만 음악이 표현되지 못하고 머리 안에서만 맴돌고 있었던 것이다.

## 음악 감상

음악을 완성하는 활동 | 음악 활동에는 음악을 만드는 작곡자, 음악을 음으로 표현하는 연주자, 음악을 듣는 감상자 등 세 부류의 사람들이 존재한다. 작곡자는 악보를 통해 연주자의 활동을 통제하고, 연주자는 악보를 해석하여 감상자가 듣도록 음을 만들어 낸다. 그리고 감상자는 음악을 완성한다.

오늘날 음악에서는 대부분 세 가지 분야가 확실히 나뉘어 있어서 작곡과 연주는 음악 전문가가 맡고 대부분 사람들은 만들어진 음악을 감상한다. 그러나 작곡, 연주, 감상이 반드시 나뉘어야 할 필연성은 없다. 즉흥연주는 작곡과 연주가 동시에 이루어진다. 악보가 없던 과거에는 작곡이 모두 즉흥연주였다고도 할 수 있고, 바흐, 모차르트, 베토벤 등이 활동하던 17~18세기에도 작곡자와 연주자는 분리되지 않았다. 그리고 농경산업 사회에서 농삿일을 하면서 부르는 노래는 바로 연주자가 감상자였다. 산업혁명 이후에서야 감상과 연주가 분리되었으며 작곡과 연주도 19세기에 이르러서야 분리되었다. 그런데 20세기에 들어서면서 재즈에 즉흥연주가 중요한 요소로 등장하면서 작곡과 연주가 결합되었고, 1971년 일본에서 가라오케가 발명되면서 스스로 노래하면서 즐기게 되었다. 즉 연주(노래)와 감상이 다시 결합되었다고 할 수 있다.

음악 감상은 언어를 듣고 이해하는 과정과 비슷한 점이 많다. 알지 못하는 외국어로는 의사소통을 할 수 없듯이 이해가 되지 않는 음악으로는 우리의 감정이나 생각을 주고받을 수 없다. 감정이나 생각이 전달되지 않는 음은 음악이 아닌 단순한 소리에 불과하다. 음악을 이해하는 방법도 언어와 마찬가지로 문화 속에서 배워가는 것이며 음이 이해될 때 비로소 단순한 소리가 아닌 음악으로 느껴진다. 음악의 구성 요소인 리듬, 멜로디, 하모니 중에서는 하모니를 이해하기가 가장 어렵다.

음악을 감상할 때 우리는 음악의 흐름을 미리 대략 예상하면서 전체적인 구조를 인식한다. 맥주를 마시는 경우를 생각해 보자. 이때는 이미 맛을 알고 있기 때문에 벌컥벌컥 마신다. 그런데 맥주가 들어 있다고 알고 있는 맥주잔에 맥주 대신 사과 주스가 있었다면 달콤한 사과 주스를 매우 시고 이상하다고 느낄 것이다. 사과 주스를 예상하고 마실 때와는 전혀 다른 느낌일 것이다. 이처럼 우리가 경험에서 얻는 느낌은 예측과 실제 감각의 상호 작용에서 발생한다.

사람은 자기가 투자한 것에 대한 보상을 받으면 즐거움을 느낀다. 음악 감상에서 투자는 음악 내용을 이해하려는 정신 집중이며 그에 대한 보상은 즐거움이다. 베토벤의 교향곡을 듣는 것은 친숙한 유행가를 듣는 것보다 훨씬 더 정신 집중이 필요하지만 그만큼 그것을 이해하고 느끼는 기쁨도 훨씬 더 크다. 잘 만들어진 음악은 사람들의 예상에 적절한 방식으로 호응하고 새로운 예상을 불러일으킨다. 그러다가 흐름을 갑자기 바꿔 사람들의 예상을 깨뜨린다. 사람들은 이때 큰 감동을 받는다. 그러나 음악이 감상자의 예상에서 벗어나는 일이 너무 많아지면 변화로 인한 감동은 줄어든다.

뇌 손상으로 음악에 대한 인식 능력이 없어지면, 즉 음악을 듣고 멜로디나 하모니를 이해하지 못하게 되면 음악에 대한 즐거움도 없어지는 것이 일반적이다. 그러나 음악을 듣고 감정을 느끼는 경로에는 여러 차원이 있어서 멜로디나 하모니를 느끼지 못해도 감정은 느낄 수 있다. 전혀 음정을 느끼지 못하는 선천적 음악상실증 환자 중 일부는 음악을 듣고 즐겁다거나 슬픈 감정을 느낀다. 반대로 음악을 지각하고 이해하는 데는 아무런 문제가 없지만 음악에서 감정을 느끼지 못하는 경우도 있다.

라디오 디제이로 활동하던 52세 남자가 있었다. 그는 어느 날 갑자기 중풍으로 쓰러져 오른쪽 팔다리가 완전히 마비되었다. 당시에는 말을 하지도, 다른 사람의 말을 이해하지도 못했다. 다행히 점차 병세가 호전되어 12개월이 지나서는 마비가 완전히 회복되었고, 언어 능력도 거의 정상으로 돌아왔다. 그런데 전에 좋아하던 음악을 들으면서 느꼈던 즐거움을 느낄 수가 없었다. 음악을 좋아하는 사람들에게는 격한 감정을 불러일으키는 음악이 대개 정해져 있는데, 그에게는 라흐마니노프의 음악이 그 역할을 했었다. 중풍이 오기 전에는 라흐마니노프 전주곡을 들을 때면 짜릿한 느낌이 있었으나 중풍 이후에는 그런 느낌이 없어져 버렸다. 중풍에서 완전히 회복되어 팔다리도 정상 기능을 되찾았고, 언어 능력도 거의 정상이었으며, 일상생활에서 보이는 감정적인 반응도 정상이었다. 우울증이 있는 것도, 청력에 문제가 있는 것도 아니었다.

그는 중풍 발생 1년 2개월 후 음악과 언어 능력에 대한 정밀한 검사를 받았다. 리듬, 멜로디, 박자 등을 지각하고 기억하는 능력은 정상이었다. 어디가 잘못되었는지 알기 위해 뇌 MRI를 촬영하였다. MRI에서는 왼쪽 뇌섬엽insular lobe과 편도체의 경색이 발견되었다. 이는 감정 반응에 관여하는 변연계의 일부다.

편도체를 포함하여 관자엽 절제술을 받은 환자 중 일부는 일반적으로 무서움을 유발하는 음악을 듣고서도 무서움을 느끼지 못한다. 이는 음악을 들을 때 느끼는 감정에 뇌섬엽과 편도체가 관여한다는 것을 의미한다. 즉 음악을 이해하는 것과 느끼는 것은 서로 영향을 주고받지만 궁극적으로는 별개의 작용이다.

음악은 연주나 감상과 전혀 다른 활동에 영향을 미칠 수 있다.

1993년, 라우셔<sup>F. Rauscher</sup>와 쇼<sup>G. Shaw</sup>는 모차르트 음악이 뇌신경을 자극하여 지능을 향상시킨다는 논문을 발표했다. 이들은 대학생을 대상으로 일부는 모차르트의 〈두 대의 피아노를 위한 소나타 D장조(K448)〉를 10분 동안 듣게 하고, 일부는 아무것도 듣지 않고 그냥 휴식을 취하게 한 다음 지능지수 검사를 했는데, 음악을 들은 학생들의 시공간 추론 능력이 8~9점 상승한다는 사실을 발견했다. 비록 향상된 지능지수가 10~15분도 지속되지 못하는 일시적인 효과에 불과했고, 이후 연구에서는 그렇지 않다는 반론도 많이 있었지만 이들의 연구는 '모차르트 효과'를 유행시켰다.

음악은 우리가 의식하지 않아도 우리의 감정에 영향을 미친다. 전쟁터에서 북소리를 들으면 군인들은 흥분하고 갑자기 용감해진다. 반대로 흥분해서 잠이 오지 않는 아이들에게 자장가를 불러 주면 슬며시 잠이 든다. 사람을 자극하는 음악도 있고, 진정시키는 음악도 있다. 탁탁 끊어지는 스타카토가 많은 타악기 위주의 음악은 근육 활동을 자극하지만, 레가토가 많은 부드러운 멜로디는 사람을 진정시킨다.

음악을 전혀 듣지 않아도 행복한 사람도 많고, 음악이 없다면 죽겠다는 사람들도 있다. 음악은 우리 삶의 선택적 요소라고 하지만 실제로는 길거리에서처럼 선택의 여지 없이 들어야만 하는 경우도 많다. 백화점에서 느리고 조용한 배경 음악이 나오면 사람들은 천천히 걸으면서 좀 더 오랫동안 물건을 구경한다. 손님이 많은 식당에서는 빠른 음악을 들려 주게 마련인데, 그러면 자동적으로 밥을 빨리 먹고 나오게 된다.

# 귀울림

뇌에서 울리는 바람 소리 │ 귀울림은 귀에서 들리는 소음에 대한
주관적 느낌을 말한다. 즉 외부에서 들어오는 소리 자극이 없는데
소리가 들린다고 느끼는 상태다. 넓은 의미에서는 머리에서 나는
소음도 귀울림에 포함된다. 한자로 하면 이명耳鳴인데, 의미 없는
소리가 울리는 것처럼 들린다는 의미다. 만약 사람의 말소리나 의
미 있는 소리가 들리면 귀울림이라 하지 않고, 환청이라 한다.

귀울림은 일반인의 20%가 경험할 정도로 흔한 증상이다. 일상
생활 중에는 흔히 감기를 앓고 난 후 혹은 큰 소리에 노출된 다음
에 나타난다. 이 경우 대부분 금방 사라진다. 더욱 흔히 경험하는
귀울림은 운동을 심하게 한 후 귀에서 들리는 시끄러운 박동이다.
그리고 완전히 정상적인 사람에게 귀울림을 유발할 수도 있다. 완
전히 방음된 방에 들어가면 90%의 사람이 20dB 이하의 귀울림을
느낀다.

귀울림은 대부분 잠깐 들리다가 그치기 때문에 그것 때문에 괴
로워하지는 않는다. 그런데 일시적이지 않고 반복될 뿐만 아니라
괴로움을 느끼면 비정상적인 귀울림이라 한다. 전체 인구의 약
5% 정도가 여기에 해당한다. 귀울림은 주로 본인한테만 들리는
데, 때때로 다른 사람에게도 들릴 수 있다. 본인에게만 들리는 귀

울림은 주관적 귀울림, 다른 사람에게도 들리는 귀울림을 객관적 귀울림이라고 한다.

객관적 귀울림은 실제 우리 몸에서 나는 소리다. 소음이 하나도 없는 방에서 사람들이 듣는 귀울림도 몸에서 나는 소리일 것이다. 외부에서 기원하는 소리는 고막을 통해서 듣는다. 몸 안에서 나는 소리는 뼈의 진동이 직접 달팽이관을 자극해서 들릴 수도 있고, 귀관(이관)을 통해서 들릴 수도 있다. 귓속뼈(이소골)가 들어 있는 가운데귀(중이)는 귀관을 통해서 인두<sup>pharynx</sup>와 연결되어 있는데, 이 통로를 통해서 자신의 목에서 나는 소리가 들릴 수도 있다. 객관적 귀울림을 일으키는 질환은 대부분 심각한 경우는 아니고, 자신의 몸에 실제로 있는 원인을 밝히면 치료될 가능성이 높다. 그런데 소리가 나는 원인을 알았다고 하더라도 항상 없앨 수 있는 것은 아니다. 인공 심장판막에서 나는 소리와 같은 경우는 어쩔 수 없이 참아야만 한다.

사실 귀울림은 대부분 주관적 귀울림으로, 밖에서 들리지 않으므로 객관적으로 평가하기가 어렵다. 귀울림이 어떤 소리인지도 말로 표현하기가 쉽지 않다. 굳이 표현해 본다면 70~80%는 단순한 소리로 '웅', '윙', '왕' 등인 경우가 많고, 다음으로 '쐬', '쏴', '쒸' 하는 매미 소리, 바람 소리 등이 많다. 20~30%는 복합음인데, 매미 소리와 '웅' 혹은 '윙' 소리의 혼합이 가장 많다.

귀울림은 귀에서 뇌의 청각중추에 이르는 청각 경로 중 어딘가에서 발생한다. 귀울림의 원인은 속귀에 있는 경우가 가장 많고,

소음성 난청과 관계가 많아서 총 소리나 디스코텍의 음악 소리 등 아주 큰 소음에 갑자기 노출되거나 시끄러운 공장에서 장기간 일할 경우 귀울림이 잘 생긴다. 또 귀울림은 노인성 난청에서 많이 생기므로 누구나 언젠가 귀울림이 생길 수 있다. 종종 난청 환자들이 난청이 있다는 것을 스스로 알기 전에 귀울림을 먼저 느낀다. 그런데 속귀와 청각신경을 제거해도 귀울림이 발생할 수 있다. 이 경우에는 중추신경이 그 발생 원인이다.

속귀나 가운데귀에 이상이 있을 때 왜 귀울림이 생기는지는 명확하지 않다. 아마도 바깥귀(외이)나 가운데귀의 질환으로 주위에서 들리는 소리가 줄어들면 청각 신호가 과장되게 전달되어 귀울림으로 들리지 않을까 추정한다. 그리고 소음, 독성약물, 외상 등에 의해 달팽이관의 털세포가 손상되면 그로 인해 저절로 발생하는 반복적인 자극을 중추청각신경에서 소리가 나는 것처럼 잘못 인지할 수도 있다.

귀울림 환자의 80%는 청력이 떨어져 있다. 이때 귀울림의 주파수는 청력이 가장 많이 떨어진 주파수와 대부분 일치한다. 난청과 귀울림이 같이 있는 경우 절반 정도는 난청을 더 견디기 힘들어한다. 난청은 귀울림을 더욱 힘들게 하는데, 외부 소리는 듣지 못하고 자신의 귀울림만 들리면 괴로움이 더 커지기 때문이다. 그리고 귀울림이 있으면 소음에 비정상적으로 과민해진다. 일반적으로 청각 과민이 있는 경우 일상생활에서 발생하는 소음, 예를 들면 문을 쾅 닫는 소리, 부엌에서 일하는 소리, 또는 아이들이 노는 소리 등이 너무 크게 들려 괴로워한다. 더욱이 큰 소리가 귀울림을 더 악화시킨다고 두려워하기 때문에 큰 소리에 대해서 공포증을 느끼는 경우도 있다.

과거에는 귀울림 환자들의 치료를 위해 청각신경을 절단한 경우가 있었다. 그러나 대부분 귀울림을 없애지는 못했다. 귀울림이 중추신경계의 뇌와 관련되어 있기 때문이다. 처음에는 많은 환자들이 귀울림이 나타나는 위치를 알지만 나중에는 귀울림의 위치가 귀에서 멀어져 정확하게 표현할 수 없다. 그리고 귀울림이 좋아질 때는 그 강도가 서서히 감소하는 것이 아니라 귀울림이 들리지 않는 기간이 점차 길어지면서 호전된다. 이것도 귀울림이 뇌에서 발생한다는 것을 의미한다. 실제로 귀울림 환자들의 뇌를 양전자방출 단층촬영으로 관찰하면 속귀보다는 청각중추에서 대사 작용이 증가한다.

## 귀울림의 습관화
익숙해진 소리는 들리지 않는다 | 귀울림이 처음에는 속귀에서 유래하였다고 해도 우리가 이것 때문에 괴로운 것은 뇌의 피질에서 느끼기 때문이다. 귀로 들어오는 소리 자극은 잠재의식 단계인 피질 아래 단계에서 선별되어 대뇌피질로 전달된다. 귀에서는 귀울림이 있다고 해도 대뇌가 못 느끼면 귀울림은 없는 것이다. 이렇게 대뇌에서 못 느끼게 하는 방법 중 하나가 습관화다.

습관화는 시계가 똑딱거리는 소리에 익숙해지는 것에 비유할 수 있다. 벽시계를 구입했다고 하자. 처음 며칠 동안은 시계바늘이 움직여 똑딱거리는 소리가 계속 들릴 것이다. 그러나 곧 시계 소리에 익숙해진다. 그러면 시계 소리가 계속 들리지만 뇌에서는 인식하지 못한다. 우리는 전화벨 소리가 나면 전화를 찾으려고 하지만 시계 소리처럼 일상적으로 들리는 배경 소음에는 반응하지 않는다. 이처럼 사람들은 특정 소리에 민감하다. 귀울림도 특정 주파수에서 가장 크게 들리고, 환자의 뇌는 이 주파수에 민감하다.

습관화를 위해 개발된 장치가 소음 발생기다. 소음 발생기는 보청기처럼 생겼고, 귀에 착용한다. 소음 발생기에서는 여러 종류의 주파수 소리를 섞어 놓은 백색 잡음이 나온다. 소음의 크기는 귀울림이 겨우 들릴 정도로 조절한다. 백색 잡음은 여러 종류의 소리가 섞여 있기 때문에 부정적이거나 긍정적인 감정 기억과는 아무런 연관이 없다. 소음 발생기를 착용하고 귀울림과 소음의 차이를 느끼지 못하면 귀울림은 없어진다. 1~2년 정도 소음 발생기를 착용하면 이후에는 소음 발생기가 없다고 하더라도 귀울림이 더는 들리지 않는다.

소음 발생기가 아닌 다른 소리도 같은 역할을 할 수 있다. 배경 음악이나 파도 소리, 시냇물 소리와 같은 물 소리도 그런 역할을 할 수 있고, 사무실에서는 컴퓨터의 팬이 돌아가는 소리, 실내 분수, 수족관의 공기 펌프 소리 등이 그런 역할을 할 수 있다. 귀울림이란 없애려고 하면 할수록 없애기가 더욱 어려워진다. 그럴수록 오히려 귀울림에 대한 뇌의 작동을 더 활성화할 뿐이다. 그냥 들리는 대로 놓아두면 귀울림은 천천히 의식에서 사라진다.


## 인공 청각

**청각장애인에게 소리를 심어 주다** | 감각기관의 기능 상실을 외부에서 대체해 주는 기술은 청각과 시각에서 발달했는데, 청력이 감소했을 때 사용할 수 있는 보조기구는 보청기다. 시력 보조기구인 안경과 비슷하지만 다른 점이 있다. 안경은 이미지를 선명하고 뚜렷하게 보이게 해 주지만, 보청기는 소리를 크게 할 뿐이고 선명하게 해 주진 않는다. 안경은 쓰자마자 이미지가 선명해지는 것을 금방 느낀다. 그러나 보청기는 새로운 소리 자극을 만들어 내기 때문에 이 소리를 듣기 위한 훈련이 필요하다. 보통 3개월 정도 훈련 기간을 거쳐야 보청기의 효과를 체감할 수 있다. 그런데 이렇게 보청기를 통해서 들리는 소리에 적응하는 훈련이 쉽지 않아서 많은 사람들이 보청기 사용을 꺼려한다. 그래서 우리나라의 경우 보청기가 필요한 사람의 20~30%만이 보청기를 사용한다. 시력이 떨어진 사람들 대부분이 안경을 사용하는 것과는 대조적이다.

청력 감소가 심하면 보청기도 별로 도움이 되지 못한다. 심한 난청인 경우 청신경 자체가 손상된 경우가 많기 때문이다. 망막신경이 손상되어 시력이 떨어진 경우 안경이 도움이 안 되듯이 청신경 자체가 손상되면 보청기로 소리를 크게 해 줘도 들을 수 없다.

전 세계적으로 1,000명 중 한 명은 선천성 고도 난청으로 태어난다. 고도 난청이란 70dB 이하의 소리를 듣지 못하는 심한 난청을 말한다. 70dB은 우리가 일상적으로 편안하게 헤드폰으로 듣는 음악 소리 정도의 크기다. 방 안에서 일상적으로 나누는 대화 소리의 크기가 50dB이니까 이들은 일상생활이 거의 불가능하다. 우리나라에서는 매년 신생아가 약 70만 명이 태어나므로 이를 기준으로 하면 매년 700명의 아이들이 고도 난청으로 태어나는 셈이다. 고도 난청은 후천적으로 발생하기도 하는데, 대략 선천적 고도 난청과 비슷한 비율로 발생한다.

청신경이 크게 손상된 고도 난청 환자에게는 단순히 소리를 증폭시키는 보청기는 효과가 없고, 청신경을 직접 자극하는 인공 달팽이관 치료가 필요하다. 인공 달팽이관은 크게 두 부분으로 구성되어, 하나는 신체 외부에 있고, 하나는 신체 내부에 있다. 이 둘은 귀 주위 피부를 통해 무선으로 연결되어 있다. 이때 피부는 두께가 0.6cm 이하로 얇아야 한다. 외부 기계에서 소리에너지를 전기 신호로 변환하면 부호화된 전기 신호는 피부 속에 삽입된 아주 작은 안테나로 보내진다. 이는 다시 달팽이관에 삽입된 전극에 전기 신호를 보내 청신경을 자극한다.

인공 달팽이관은 1980년대에 상품화되기 시작하여 2007년까지 세계적으로 약 12만 명이 시술을 받았다. 국내에서는 1989년에 시작되었고 연간 500~600명이 시술을 받고 있다. 다음은 우리나라 40대 여성이 인공 달팽이관 이식 수술을 받고 난 소감을 쓴 글이다.

"과거에는 보청기를 사용하고도 입술을 봐야만 의사소통이 가능했습니다. 지금은 인공 달팽이관 이식 수술을 받고 언어 치료 8개월째입니다. 무엇보다 감동적인 것은 새들이 지저귀는 소리, 시냇물 흐르는 소리를 들을 수 있다는 것입니다. 자연이 새롭게 저에게 다가왔죠. 또 전화 통화할 때 상대방의 감격어린 소리가 언제나 제 가슴을 적십니다.

어느 날 예배를 보는데 목사님의 목소리가 들리는 거예요. 성경을 읽어 보라는 목사님의 말씀에 제가 크게 읽었습니다. 여러 성도님들도 놀랐죠.

택시 소리, 버스 소리, 지하철 소리, 온갖 소리….

아…, 이제야말로 세상과 제가 연결되었습니다."

원래 달팽이관에 있는 신경세포들은 소리를 주파수에 따라 나누어 지각한다. 달팽이관의 아랫부분은 고음에 반응하고, 윗부분은 저음에 반응한다. 인공 달팽이관도 소리를 몇 개의 주파수로 나눈 다음 각각 전기 신호로 변환하여 달팽이관에 있는 청신경을 자극한다. 따라서 전기 신호를 뇌에 전달해 줄 수 있는 청신경이 어느 정도 있어야 가능하다.

귀의 청신경은 일단 뇌줄기를 거쳐 대뇌의 청각중추로 전달된다. 달팽이관의 청신경이 손상되어 인공 달팽이관도 효과가 없는 경우는 뇌줄기를 직접 자극하는 치료를 하기도 한다. 소리 자극을 신경 자체에 전달하는 기술이다. 2008년 7월 국내 일간지에 "청각장애인에게 소리를 심어 드린다"는 기사가 실렸다. 세브란스 병원에서 시행한 국내 첫 뇌줄기 이식술에 대한 보고였다. 청신경이 손상되어 소리를 들을 수 없던 환자의 뇌를 열고 뇌줄기를 찾아 청신경이 집중적으로 모여 있는 달팽이 핵에 전기적인 자극을 하는 장치가 심어졌다. 기계가 작동하는 원리는 인공 달팽이관과 동일하다. 뇌줄기 이식술은 현재 주로 유럽 지역에서 시행되는데 그 결과를 보면 시술 후 90% 이상이 언어 듣기 능력이 향상되었다. 현재로서는 결과가 아직 달팽이관 이식보다는 못하지만 청신경이 손상된 환자들에게는 유일한 희망이다.

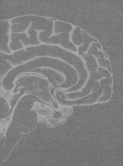

# 8

## 평형
## 감각

두 발로 걸을 때 몸의 균형을 유지하는 것이나 한 발로 서기 등은 평형감각이 있기 때문에 가능하다. 평형<sup>equilibrium</sup>감각은 균형<sup>balance</sup> 감각이라고도 한다. 물건의 무게를 나타내는 저울이 balance인 것처럼, 균형은 두 가지 물체 혹은 상태 사이에 어느 한쪽으로 기울어지거나 치우치지 않고 고르게 된 것을 말하고, 평형은 물리학에서 어떤 물체에 외력이 작용했을 때도 전혀 힘을 가하지 않은 상태와 같은 상태를 유지하는 것을 말한다. 따라서 중력에 대해 몸을 안정적으로 유지하는 감각에 대해서는 평형감각이 좀 더 정확한 표현이다.

평형감각은 속귀의 전정신경에서 담당한다. 그런데 평형감각은 전정신경에서 전담하는 것은 아니고 다른 감각의 보조를 받는데, 필수적인 보조 감각은 고유감각이고, 덜 필수적인 보조 감각은 시각이다. 평형감각기관이라고 하면 좁은 의미에서는 전정감각을 의미하고, 넓게는 고유감각과 시각까지 포함한다.

두 눈이 보이지 않는 맹인이라고 해도 걸어 다니는 데 큰 어려움은 없다. 우리는 고유감각 덕분에 눈을 감고서도 현재 내 팔이나 다리의 위치를 알 수 있기 때문에 눈을 감고도 팔다리를 움직일 수 있는 것이다. 그런데 평소에 잘 보던 사람에게 눈을 가리고 걸어 보라고 하면, 걷기는 하지만 몸의 균형을 유지하는 데 어려움을 겪는다. 확실히 눈을 뜨고 걸을 때보다 힘들다. 이는 평소에 몸의 균형을 잡는 데 시각이 보조 역할을 한다는 것을 의미한다. 또 서커스 단원들은 서 있는 사람의 어깨 위에 사람들이 몇 층으로 올라가는 묘기를 보이지만 불을 끄면 한 사람 이상 올리지 못한다. 2층으로 서 있을 때는 전정감각과 고유감각만으로도 평형을 유지할 수 있지만 3층으로 서기 위해서는 시각신경의 도움이 필요하기 때문이다.

## 전정기관
**머리의 움직임을 감지하는 귓속 미로** | 속귀는 뼈 속에 있는데, 구조가 복잡하게 꼬여 있어서 미로迷路라고 불린다. 이 미로는 전정, 반고리관, 달팽이관 등 세 부분으로 이루어져 있는데, 달팽이관-전정-반고리관의 순서로 연결되어 있다. 반고리관은 세 개가 있는데, 반지 고리의 반쪽을 닮아서 그렇게 불린다. 세반고리관이

라는 말은 세 개의 반고리관이라는 말이다. 관은 각각 반경 0.6cm 원을 그리며, 관의 길이는 대략 1.5~2cm 정도다. 전정前庭은 모양이 '집 안채에 있는 뜰'을 닮아서 붙은 이름이고, 0.5×0.3cm 크기로 납작하게 생겼다. 전정과 세 개의 반고리관을 합해서 전정기관이라고 한다.

전정의 내부에는 주머니 모양의 타원주머니(난형낭)utricle와 둥근주머니(구형낭)saccule가 있다. 달팽이관 안의 액체 속에 털세포가 있어서 소리 자극을 전기 신호로 변환하는 것처럼, 전정기관에도 털세포가 있어서 몸의 운동 방향을 감지한다. 정확하게 말하면 몸의 운동이라기보다는 머리의 운동을 감지한다. 팔은 아무리 돌려도 어지럽지 않지만 머리를 돌리면 어지러운 것도 전정기관이 머리에 있기 때문이다.

반고리관의 양쪽 끝은 전정과 연결되어 있고, 각 반고리관은 한쪽 끝이 약간 부풀어 있다. 이를 팽대ampulla라고 하는데, 여기에 운동 방향을 감지하는 털세포가 있다. 세 개의 반고리관은 서로 직각으로 배치되어 하나는 수평에 가깝게 두 개는 거의 수직으로 위치해 있다. 각 반고리관은 자기 각도의 평면에서의 회전 속도 변화에 가장 잘 반응하기 때문에 세 개의 반고리관은 머리 운동의 모든 회전 운동 성분을 감지한다고 할 수 있다.

타원주머니와 둥근주머니에는 평형반macula이라는 부위가 있는데, 바로 여기에 털세포가 있다. 그리고 털세포는 젤라틴 물질에 묻혀 있는데, 이 젤라틴 물질은 미세한 칼슘 알갱이를 포함하고 있다. 일어선 자세에서 타원주머니의 평형반은 수평면에 놓여 있고, 둥근주머니의 평형반은 수직에 가깝다. 그래서 타원주머니와 둥근주머니의 털세포는 앞뒤, 좌우, 위아래의 움직임에 민감하다. 결국 전정기관은 머리의 앞뒤, 좌우, 위아래 그리고 회전 운동 등 모든 방향의 움직임을 감지한다.

우리가 머리를 움직이면 움직이는 방향이나 정도에 따라 한쪽 전정기관에서 많은 정보가 만들어지고 다른 쪽에서는 적은 정보가 만들어진다. 따라서 두 전정기관에서 들어오는 정보량의 차이를 뇌에서 인지하여 머리가 움직이는 방향, 정도 등을 인식한다. 만일 한쪽 전정기관이 손상되어 정보의 양이 평상시보다 적게 뇌로 전달된다면, 몸이 가만히 있는데도 뇌에서는 주변이 회전하거나 움직인다고 느낀다. 반대로 주변은 가만히 있고 본인이 움직이는 것으로 느낄 수도 있다. 반고리관은 약물의 영향도 받기 때문에, 알코올에 취하면 몸이 회전하고 있다는 신호를 만들어 낸다.

## 전정신경계

**귓속 미로에서 뇌까지** | 전정신경계는 감각수용체(전정과 반고리관), 전정 신호를 중추신경에 전달하는 전정신경, 뇌 등으로 이루어진다. 감각수용체와 전정신경은 뇌를 이루는 중추신경과 구분하여 말초신경이라고 한다.

감각수용체는 반고리관 세 개와 평형반 두 개 등 총 다섯 개이며, 여기에서 나오는 전정신경세포는 18,000개다. 전정신경은 뇌로 들어가서 일단 전정신경핵에 모인다. 전정신경핵은 뇌줄기의 숨뇌(연수)<sup>medulla oblongata</sup>와 다리뇌(교뇌)<sup>pons</sup> 사이에 있다.

전정신경핵에서는 세 개의 신경다발이 나오는데, 하나는 위로 향하고 둘은 아래로 향한다. 위로 향하는 신경다발은 중간뇌의 눈 운동신경핵과 시상을 거쳐 대뇌피질에 연결된다. 이 경로를 통해서 '전정-눈 반사'가 이루어진다. '전정-눈 반사'란 무의식적인 반사 반응으로, 사물을 보고 있을 때 머리가 흔들리더라도 눈이 그 사물에 자동으로 고정될 수 있게 한다.

아래 척수로 향하는 두 개의 신경다발 중 하나는 척수의 운동신경과 연결되고, 다른 하나는 몸통과 목의 운동신경에 연결된다. 전자는 몸이 흔들리는 상황에서도 기립 자세를 유지하는 역할을 하고, 후자는 몸의 움직임에 상관없이 머리를 바로 유지하는 역할을 한다. 앉아서 꾸벅 졸면 목 근육이 이완되어 갑자기 머리가 떨어진다. 그와 동시에 목 근육이 수축하여 머리를 들면서 잠을 깬다. 전정신경에서 머리의 움직임을 감지하여, 전정신경핵에서 바로 목 근육에 수축하라는 명령을 전달하는 것이다. 대뇌피질에 상황이 보고되어 우리가 인식하는 것은 그 이후다. 그래서 머리를 갑자기 든 다음에서야 '내가 꾸벅 졸았었구나.'라고 인지한다.

전정신경핵에는 세 개의 큰 다발 이외에 양쪽의 전정신경핵을 연결하는 신경도 나오며 소뇌와 연결된 신경도 있다. 전정-소뇌 경로는 전정기관의 신호뿐만 아니라 망막에서 오는 시각 신호와 목 관절에서 오는 고유감각 신호를 받아 이를 통합한다.

대뇌에는 시각이나 청각을 담당하는 일차피질이 있지만 평형감각을 담당하는 일차피질은 따로 없고, 평형감각을 담당하는 부분은 마루엽이나 관자엽에 흩어져 있다. 대부분의 평형 기능은 대뇌피질에 정보가 전달되기 전에 반사적으로 작동되며 우리는 그 반사의 결과만을 인지한다. 그러나 우리가 복잡한 운동을 계획하고 실행하기 위해서는 평형감각이 다른 시각적인 공간감각이나 피부감각 등과 통합되어야만 하는데, 이는 대뇌피질에서만 가능하다. 따라서 전정신경에서 올라오는 정보는 마루엽이나 관자엽에서 피부, 관절, 눈 등에서 올라오는 정보와 통합될 것이라고 추측할 수 있다.

## 고유감각
**눈을 감고서도 팔다리의 위치를 알 수 있다** | 고유감각을 의미하는 proprioception이라는 단어는 one's own을 의미하는 라틴어 proprius와 perception의 합성어다. 고유固有라는 말도 본디부터 지니고 있다는 의미로, 고유감각은 자기 자신에 대한 감각이라는 의미다. 즉 근육이 수축하거나 늘어날 때 만들어지는 감각 정보로서 자기 신체의 각 부분에 대한 위치 정보를 말한다. 그 덕분에 우리는 눈을 감고서도 팔이나 다리의 위치를 알 수 있다. 이러한 감각은 우리 몸이 움직이는 동안에 주로 발생하지만, 가만히 서 있거

나 앉아 있는 상태에서도 발생한다. 근육 활동은 관절의 움직임으로 나타나므로 고유감각은 결국 관절 운동에 의한 감각 정보라고도 할 수 있다.

고유감각수용체는 근육과 관절에 존재한다. 여기서 생산된 정보는 피부에서 유래하는 말초신경과 함께 척수와 뇌줄기를 거쳐 시상과 대뇌피질의 마루엽으로 전달된다. 이 과정에서 전정신경과 정보 교환이 이루어지며 몸의 평형을 유지하는 데 한 역할을 한다. 수용체는 눈이나 손 혹은 목을 움직이는 근육처럼 미세한 움직임에 관여하는 근육에 많다. 반면 정교하지 않은 운동을 하는 큰 근육에는 수용체가 적고, 귀 근육처럼 거의 기능하지 않는 근육에는 수용체가 거의 없다.

우리는 눈을 감고도 가만히 서 있을 수 있다. 하지만 움직이지 않고 가만히 있다고 해도 실제로 머리를 포함한 몸은 조금씩 흔들린다. 전혀 움직임이 없다면 그것은 죽은 시체다. 신체의 미세한 움직임이라도 고유감각과 전정기관을 통해 감지되면 운동신경을 통해 다시 몸의 모든 근육이 적당한 긴장을 유지하게 한다. 이렇게 우리의 평형기관은 몸이 흔들리는 정도를 항상 느끼고 교정하고 있다.

고유감각이 정상적으로 잘 작동하는지는 쉽게 알아볼 수 있다. 두 발을 모은 상태에서 똑바로 서게 한 다음 그 자세를 유지하는지를 보면 된다. 이것이 롬버그Romberg 검사다. 눈을 뜬 상태에서는 어느 정도 균형을 유지하지만 눈을 감았을 때 넘어지면 고유감각에 이상이 있는 것이다. 고유감각에 이상이 있다고 하더라도 눈을 뜨면 자기 몸의 위치를 알 수 있기 때문에 넘어지지 않는다. 만약 눈을 뜨고도 넘어진다면 그것은 소뇌 장애 때문이다.

당뇨병을 오랫동안 앓았거나 고령으로 다리나 발가락의 감각이 무디어지면 고유감각도 같이 떨어진다. 그러면 몸의 균형을 잡기가 힘들어진다. 이때 지팡이는 고유감각을 보완해 주는 역할을 한다. 지팡이를 짚으면 지팡이로 손에 전달되는 느낌을 통해서 바닥과 몸의 위치를 알 수 있게 되어 몸의 흔들림을 최소화한다.

고유감각 장애는 교통사고 후에 흔히 나타난다. 운전 도중 뒤에서 갑자기 차가 받히면 고개가 뒤로 젖혔다가 다시 앞으로 꺾인다. 이때 머리나 목이 쉽게 다친다. 이런 사고를 당하고 나면 대개 목이 뻣뻣하고 아프며, 세수를 하려고 고개를 숙일 때와 같이 목을 특정 자세로 만들었을 때, 순간적으로 어지럼이 생긴다. 또는 고개를 좌우로 돌릴 때 어지럼이 심해진다. 이는 목이 앞뒤로 심하게 움직이면서 목뼈의 관절이나 인대가 손상되었기 때문에, 여기서 올라오는 고유감각 정보가 부정확해서 나타나는 증상이다. 교통사고가 아니더라도 윗목에서 나오는 신경이 자극을 받거나 그 주위의 근육이 과도하게 수축할 때도 이런 문제가 발생할 수 있다.

# 시각신경

| 사람들은 보통 3m 이상의 높이에서 어지럼을 느끼는데, 이는 시각 조건의 혼동 때문이다. 높은 곳에서 내려다보면 자신의 시각 체계에 기준으로 할 수 있는 물체들이 너무 멀리 있기 때문에 이를 기준으로 몸의 평형을 유지하기가 매우 힘들어진다. 이는 아무것도 보이지 않는 캄캄한 밤에 길을 걷는 것과 마찬가지다. 어지럼은 높은 곳일수록 심해지지만, 20m 이상에서는 더 높아져도 어지럼이 더 심해지지는 않는다.

높은 곳에서 어지럼을 느끼는 것은 단순히 주관적인 느낌만으로 끝나지 않는다. 높은 곳에서는 실제로 평형 기능이 떨어진다. 그래서 서 있거나 움직일 때 몸이 흔들린다. 특히 높은 산에 있는 구름다리를 건널 때는 어지럼도 많이 느끼고 몸의 균형을 잡기도 어렵다. 구름다리의 바닥은 대개 밑이 듬성듬성 뚫려 있으며 이를 통해 아래가 보이므로 더욱 어지럽게 느낀다. 공포감은 어지럼을 더욱 악화시킨다. 이때 가까운 물체를 기준으로 삼으면 어지럼을 덜 느끼기 때문에 다리를 보면서 걸으면 훨씬 어지럼을 줄일 수 있다. 그리고 자세를 낮추거나 손으로 의지할 것을 잡으면 자세가 안정되어 평형 유지가 조금은 쉬워진다.

안경을 바꾸면 어지럼을 느끼는 이유도 시각과 평형감각의 부조화 때문이다. 근시안경은 오목렌즈인데 빛이 렌즈를 통과하면서 굴절되기 때문에 물체가 작아 보인다. 그래서 안경을 끼면 맨눈일 때에 비해 옆에 있는 물체를 보기 위해서 눈을 조금만 움직여도 된다. 노안에 사용하는 볼록렌즈는 반대 효과를 나타낸다. 이 경우에는 물체가 확대되어 보이기 때문에 눈을 더 많이 움직여야 된다. 이처럼 우리 몸의 자동적인 반사 체계는 새로 바뀐 환경에 맞추어 적응한다. 그런데 안경이 바뀌면 적응 기간이 필요하기 때문에 그 동안에는 머리를 움직일 때 시야가 흔들려 보인다. 그래서 안경을 새로 끼거나 바꾸면 며칠 동안은 어지럽다. 안경이 바뀌었을 때 큰 변화가 아닌 경우 적응 기간은 보통 일주일 정도다.

## 평형감각의 통합

전정신경, 고유감각, 시각신경의 충돌＝어지럼 | 전정신경핵이 있는 뇌줄기에서는 평형 유지에 관여하는 전정신경, 고유감각, 시각신경 등에서 올라오는 정보가 통합된다. 그뿐만 아니라 소뇌와 대뇌피질에서 내려오는 정보도 통합되어야 한다. 소뇌는 지속적인 행동을 통해 습득된 자동적인 운동에 대한 정보를 제공하며 대뇌피질은 과거 기억을 제공한다. 예를 들어 자전거를 탈 때 넘어지지 않으려고 몸이 기우는 방향으로 손잡이를 트는 것은 소뇌의 작용이고, 눈길을 걸을 때 길이 미끄럽기 때문에 조심해야 한다는 정보를 제공하는 것은 대뇌피질의 기능이다.

눈을 감게 한 다음 아킬레스건을 자극하면 반사적으로 종아리 근육이 수축한다. 그러면 몸이 뒤로 움직인다. 그리고 다시 이차적으로 자세를 유지하기 위하여 몸이 앞쪽으로 쏠린다. 그러나 눈을 뜬 상태에서 아킬레스건을 자극하면 이러한 자세 변동은 보이지 않는다. 시각 정보를 통해 자세 유지를 위해서 어떻게 해야 한다는 것을 이미 알고 있는 상황에서는 아킬레스건을 자극하는 정보가 무시되기 때문이다. 이처럼 몸의 균형 유지에 관여하는 세 감각의 중요성은 상황에 따라 달라진다. 일반적으로 시각 정보는 속도가 느린 신체 변화에 민감하고, 전정 정보는 빠른 가속도에 민감하다.

만약 세 감각계의 정보가 서로 다를 경우 충돌이 발생하는데 이때는 우세한 감각계의 정보를 선호한다. 그러나 그때 우리는 어지럼을 느낀다. 만약 승용차 안에 있을 때 옆의 버스가 앞으로 움직이면 내가 뒤로 움직이고 있는 것처럼 느껴지면서 잠시 어지럼을 느낀다. 이처럼 시각 정보가 잘못되어 내가 움직이는 것처럼 뇌에서 판단했는데, 전정신경이나 고유감각은 자기 몸이 그래도 정지하고 있다는 정보를 올려 보내면 정보가 서로 달라 순간적으로 어지럼을 느낀다. 그러나 자신이 움직이지 않는다는 사실을 확인하면 잘못된 시각 정보가 억제되어 곧바로 어지럼이 없어진다.

## 예측과 되먹임

**어지러우면 어지럽게 해야 한다** | 무용수들은 제자리에서 회전을 계속하고 또 금방 다음 동작을 자연스럽게 이어 하지만 일반

인들은 조금만 돌아도 어지럼을 느낀다. 연습을 반복하는 무용수들은 회전 동작을 할 때 습관에 의한 예측 체계가 작동하기 때문이다. 이처럼 습관화된 동작에 대해서는 평형감각이 신체 동작을 미리 예측하여 작동한다.

사람이 어떤 자세를 유지하거나 움직일 때는 현재 신체 각 부분의 상호관계에 대한 정보를 전정신경, 시각, 고유감각 등을 통해서 얻은 다음, 이를 종합하여 신체 곳곳의 근육이 적당히 긴장하게 해야 한다. 이 과정은 예측과 되먹임 체계로 나뉜다. 예측 체계는 자세 변화에 대한 되먹임feedback 반응이 일어나기 전에 자세를 교정하고, 되먹임 체계는 몸이 균형을 잃었을 때 되먹임 과정을 통해서 회복하는 기능을 한다. 예측 체계는 전정신경계와 소뇌에서 담당하고, 되먹임 체계는 뇌줄기와 소뇌에서 담당한다.

일반적으로 신체의 조절 작용은 대부분 되먹임 체계로 이루어지지만 평형 유지를 위한 자세 조절에는 예측 체계가 중요하다. 그러나 연습을 반복하여 습관화와 예측 체계를 잘 작동시켜 온 무용수들도 한두 달 연습을 쉬면 다시 제자리돌기를 할 때 어지럼을 느낀다. 예측 체계는 같은 자극이 반복되지 않으면 시간이 흐름에 따라 점차 원상태로 돌아가기 때문이다. 그러나 이미 잘 작동되는 예측 체계를 경험한 사람들은 조금만 연습을 하면 예전의 감각을 찾을 수 있다.

전정신경 이상으로 심하게 어지럽다고 해도 며칠 지나면 대부분 회복된다. 되먹임 체계는 이처럼 평형감각기관이 손상되었을 때 작동한다. 증상의 회복 정도는 어지럼의 시간과 강도에 의해 결정된다. 그래서 어지럼이 생기고 나서 시간이 많이 흐를수록, 어지럼을 많이 겪을수록 증상이 빨리 회복된다. 어지럼이 있는 경우 몸을 움직이면 더욱 어지러운데 이를 피하기 위해 계속 누워만 있으면 되먹임 체계가 작동하지 않기 때문에 어지럼이 오래간다. 연령도 중요하여, 나이가 어릴수록 되먹임이 빨리 일어나고 노인은 매우 느리다.

고무 망치로 무릎을 치면 다리가 들썩인다. 이를 무릎반사라고 하는데, 이러한 반사 작용은 운동을 많이 한다고 강화되지 않는다. 이처럼 신체의 일반적인 반사 체계는 경험이나 연습으로 강화되는 것이 아니다. 그러나 몸의 평형을 담당하는 예측 체계나 되먹임 체계는 연습과 경험에 의해 변화된다. 어지럼은 어지럼을 일부러 유발하여 많이 경험할수록 좋아진다. 차멀미하던 사람이 차를 계속 타면 차멀미가 나아지는 것도 이런 원리다. 그래서 어지러우면 자꾸 어지럽게 해야 한다.

보통 한쪽 귀의 전정신경이 기능을 잃으면 한동안 어지럽다가 되먹임 체계가 작동하면서 회복된다. 그런데 만약 양쪽 다 기능을 잃으면 어떻게 될까? 이때도 전정 기능의 되먹임 작용에 따라 평형 기능이 회복될 수 있을까? 그렇지 않다. 양쪽 전정신경 기능을 모두 잃은 경우에는 되먹임 작용이 일어나지 않는다. 되먹임 작용이 가능하기 위해서는 한쪽이 건강해야 한다.

# 전정기관의 반사 작용

**0.15초 안에 반응하지 않으면 넘어진다** | 걸어가는데 누가 갑자기 발을 건다면 자세를 얼른 바꿔 넘어지지 않으려고 한다. 반응은 무의식적으로 나타나고, 일단 반응이 끝난 다음에 상황을 파악한다. 새로운 자극 정보를 통합하고, 운동신경을 통해 근육을 적절히 움직여 반응이 완결되기까지의 과정은 0.15초 안에 이루어져야 한다. 그래야 넘어지지 않는다. 이 시간을 넘기면 넘어진다. 이러한 일은 신경이 둔화된 노인들에게 종종 일어난다.

여러 평형감각기관에서 올라온 정보들은 일단 뇌줄기에서 통합이 이루어진다. 그리고 뇌줄기에서 운동신경을 통해 머리, 목, 눈, 팔다리와 몸통의 근육에 신호를 전달하여 몸의 중심을 유지하게 하고, 눈을 움직여서 시야를 확보한다. 그 후에 대뇌피질에 정보가 전달되어 상황이 인식된다.

움직이는 차 안에 있을 때라든지 자신이 달릴 때와 같이 머리가 움직일 때는 눈의 위치를 계속 재조정하여 항상 눈의 초점을 목표 물체에 맞춘다. 눈을 움직이는 근육에 전달되는 신호가 머리의 움직임과 눈의 움직임을 조화시키기 때문이다. 이는 여러 경로를 통해 이루어진다. 머리를 움직이면 망막에서 물체의 상이 이동하므로 시각 정보에서 머리 운동의 속도를 감지할 수도 있고, 얼굴에 닿는 공기의 저항에서 속도를 감지할 수도 있고, 또 머리의 움직임에 따라 목이 움직일 때 목 근육의 고유감각을 통해서도 머리 움직임의 속도를 감지할 수 있다. 그런데 이러한 감각 정보들은 전정기관에 비하면 느리고 비효율적이다.

전정기관의 털세포는 머리의 가속도를 직접 감지하므로 머리의 움직임에 따른 눈의 움직임을 반사적으로 빠르게 효과적으로 조절한다. 이것이 전정-눈 반사다. 길을 걸으면서 건물의 간판을 읽을 수 있는 것도, 머리가 움직이는 동안에도 시선을 일정하게 유지시키는 전정-눈 반사가 작동하기 때문이다. 이 반사는 머리가 움직이는 동안 물체의 상을 망막에 일정하게 유지시키는 역할을 한다. 전정-눈 반사는 자극이 주어지고 반응이 나타나기까지의 시간이 0.001초에 불과한 아주 빠른 반사다. 우리 신체의 반사작용 중 가장 빠른 속도다.

전정-눈 반사 작용이 있어서 우리는 고개를 까닥이면서 책을 읽을 수 있다. 그러나 머리를 고정한 상태에서 책이 움직이는 경우에는 책을 읽는 것이 불가능하다. 이는 눈의 움직임을 시각에만 의존해서는 움직이는 물체의 상을 망막에 일정하게 유지할 수 없기 때문이다. 즉 시각으로 눈을 움직이는 것보다는 전정신경을 통해서 눈을 움직이는 것이 훨씬 효율적이다.


## 평형감각과 자율신경
**전정신경과 자율신경의 통합 작동** | 몸에서 심장으로 돌아오는 혈액량이 부족해지면 혈압이 낮아진다. 이때 자율신경계에서는 혈압의 변화, 혈액의 산소 및 이산화탄소의 양 등에 대한 정보를 인식하

여 혈관을 수축하고 심장 박동을 빠르게 한다. 그러나 이러한 자율 신경계에 의한 적응 과정은 종종 증상이 나타난 다음에 이루어진 다. 이미 심혈관계의 균형이 일부 무너진 상태에서 이루어지는 것 이다. 그래서 오랫동안 누워 있다가 갑자기 일어나면 머리가 핑 돌 면서 어지럼을 느낀다. 일어나는 순간 정맥의 혈액이 중력에 의해 다리나 아랫배로 쏠리면서 심장으로 돌아오는 혈액량이 부족해지 고, 그러면 심장에서 품어 내는 혈액량이 부족하여 뇌로 가는 혈액 이 감소하기 때문이다. 심하면 실신하기도 한다.

그런데 누운 자세에서 일어날 때 모두가 어지럼이나 실신을 경 험하지는 않는다. 실제 심혈관계의 변화는 자세를 바꾸자마자 즉 각적으로 이루어지기 때문이다. 이때 작동하는 것이 전정감각이 다. 여러 감각계 중에서 전정기관의 반응 속도가 가장 빠르기 때 문이다. 전정신경핵은 뇌줄기의 자율신경계와 연결되어 있다. 전 정신경계는 우리 몸의 움직임을 가장 빨리 감지하여 교감신경계 에 신호를 보내 심장 박동을 증가시킨다. 만약 전정신경핵을 파괴 하면 갑자기 일어설 때 혈압이 뚝 떨어진다. 전정신경계만 아니라 시각까지 제거한다면 갑자기 일어설 때 혈압 저하는 더욱 현저해 진다. 자율신경계에는 전정신경뿐만 아니고 모든 평형감각기관이 영향을 미치기 때문이다.

전정신경계와 자율신경의 상호 협조는 호흡 활동에서도 중요 하다. 운동을 하면 산소요구량이 증가하는데, 산소 교환은 호흡에 의해서 이루어지기 때문에 운동 및 체위 변동의 초기에 자율신경계에 의한 호흡 근육의 조절이 필요하다. 전정신경핵은 숨골의 호흡중추와 연결되어 있어서 이 과정을 중개한다. 이처럼 전정신경과 자율신경은 통합적으로 작용하기 때문에, 같이 묶어서 전정자율신경계라고 하기도 한다.

전정자율신경계는 혈액순환계이나 호흡뿐만 아니고, 위장 운동에도 관련되어 소화불량을 유발하기도 한다. 또 욕지기, 구토와 연관된 중추신경에 작용하여 멀미를 일으킬 수 있고, 침의 과다 분비, 전신 불쾌감, 무기력, 하품, 창백함, 식은땀 등 여러 가지 증상을 유발한다. 또 전정신경계는 교감신경계나 변연계 등과 연결되어 광장공포증이나 공황 발작을 유발하기도 한다.

전정신경 자극이 항상 불쾌감만 유발하는 것은 아니다. 자율신경계를 통해 즐거운 감정을 유발할 수도 있어서, 많은 사람들이 놀이공원에서 탈것을 즐긴다. 특히 아이들은 울다가도 요람을 흔들어 주면 울음을 그친다.


# 멀미

**전정신경이 유발하는 불편함** | 몸이 흔들릴 때 어지럼, 메스꺼움, 구토, 두통 등의 증상이 나타나는 것을 멀미라고 한다. 몸은 가만히 있어도 시야가 움직일 때 멀미가 나타나기도 한다. 흔히 경험하는 멀미는 차를 탔을 때와 같이 몸이 수동적으로 움직일 때 나타난다. 이는 차를 탈 때 평소 생활에서 경험해 보지 못하던 신체

의 가속을 느끼기 때문이고, 전정감각과 시각 자극의 불일치 등에 의하여 증세가 나타난다. 종류는 차멀미, 뱃멀미, 비행기멀미 등이 있다. 반대로 오랫동안 배를 타고 다니다가 육지에 내렸을 때에는 계속 배에 타고 있는 것처럼 흔들리는 느낌을 경험하기도 한다. 실제 멀미는 보통 사람들이 전정신경계 문제로 인해 가장 많이 느끼는 불편함이다.

멀미로 나타나는 반응은 맹인이나 시력이 정상인 사람이나 마찬가지다. 이것은 멀미가 시각보다는 전정신경계와 관련이 있다는 것을 의미한다.

새로운 감각 정보는 대뇌 중추로 전달되고, 여기에서 이 정보는 평형기관이 과거에 겪은 경험과 비교된다. 몸을 움직이거나 차를 타고 이동할 때 평형기관을 통하여 들어오는 여러 감각이 과거 경험에서 예상되는 것과 다르다면 감각들이 통일되지 못하고 서로 충돌하면서 멀미가 생긴다. 그러나 이러한 새로운 상황에서 지속적으로 대뇌로 전달되는 신호는 이러한 충돌 신호를 감소하는 방향으로 맞추어 나가 결국에는 새로운 상황에 적응한다. 그러면 어지럼이 없어진다. 그래서 차멀미나 뱃멀미는 계속 타다 보면 없어진다.

멀미는 모든 사람에게 나타날 수 있지만, 여자가 조금 많고 나이가 들수록 줄어들어 50세 이후에는 거의 하지 않는다. 3세부터 12세까지의 어린이는 성인보다 멀미를 많이 하는 반면에 2세 이하의 유아는 멀미를 거의 하지 않는다. 전정신경과 같은 평형에 관여하는 신경은 두 발로 서서 자유로이 걸어 다니면서 발달하는데 아직 전정신경 발달이 미숙한 2세 이하의 유아는 공간을 지각할 때 주로 시각 자극에 의지하기 때문에 자연히 시각-전정신경의 충돌이 별로 없다. 그래서 2세 이전에는 멀미를 거의 하지 않는다.

## 메스꺼움과 구토

어지럼의 소화기 증상 | 메스꺼움이란 신체가 불편함을 느껴서 토할 것 같은 불쾌감을 말하는데, 욕지기라고도 한다. 목이나 앞가슴에서 느끼는 메스꺼움은 구토로 연결될 수도 있고, 그 단계에 그냥 머물 수도 있다. 메스꺼움은 보통 구토가 생기기 전에 발생하지만 메스꺼움만 느끼고 구토는 하지 않는 경우도 있고, 메슥거림이 없이 바로 구토가 유발되는 경우도 있다. 잠자면서 몸을 계속 움직인 경우 깨어나는 순간 메스꺼움 없이 바로 토하기도 한다.

구토는 위장에 들어온 독성 물질을 강제로 배출하는 일종의 신체 방어 체계로, 해로운 음식을 섭취하면 위나 창자에서 그 신호가 뇌로 전달되어 일어난다. 그러나 위장에 독성 물질이 없는데 구토가 일어나는 경우도 종종 있다. 항암제를 투여받으면 구토가 흔히 이는데, 이는 혈중 항암제가 직접 뇌줄기의 맨아래구역area postrema을 자극하여 일어나는 것이다. 그리고 전정신경 이상으로 어지럼이 생길 때도 흔히 욕지기와 구토가 동반된다. 그 외에도

236

위장이나 전정신경에 자극이 전혀 없어도 감정 변화만으로도 구토가 나타날 수 있다. 감정적으로 불안정할 때 토하는 사람들이 이런 경우다. 이는 구토에 뇌의 고위 중추가 관여한다는 것을 의미한다.

구토는 복부의 압력이 증가하면서 위 식도 운동이 거꾸로 진행되는 것으로 음식을 삼키는 과정만큼이나 복잡한 단계를 거친다. 이 과정을 통괄하는 부위는 뇌줄기에 있다. 1950년대까지만 해도 특정 구토중추가 있을 것이라고 생각했으나 그렇지는 않고 뇌줄기 여러 곳에 흩어져 있는 것으로 보인다. 욕지기를 느끼는 부위는 아직 정확히 알려져 있지 않지만 구토를 일으키는 뇌줄기와는 전혀 다른 이마엽에 있을 것으로 추정된다.

구토가 일어날 때는 소화관의 비정상적 운동, 구역, 배출의 세 단계를 거친다. 먼저 위장이 이완되면서, 작은창자 시작 부위가 정상과는 반대 방향으로 강하게 수축한다. 그러면 창자 안의 내용물이 거꾸로 위장으로 올라오고 식도를 거쳐 입 밖으로 나오게 된다. 작은창자가 반대 방향으로 수축하는 것은 독성 물질이 작은창자에 흡수되는 것을 막고, 작은창자의 알칼리성이 위산을 중화시켜 구토물이 식도와 입을 통과할 때 강한 산성에 의해 점막이 손상되는 것을 막아 주는 기능을 한다.

구토는 소화관의 비정상적인 운동이지만, 흥미롭게도 소화관 운동을 담당하는 신경을 제거한다고 없어지지는 않는다. 그런데 호흡기 근육을 마비시키면 구토가 나타나지 않는다. 이는 구역 및 구토가 위나 창자 자체의 갑작스런 수축에 의한 것이 아니고, 배와 가슴 안쪽의 압력 변화에 의해서 발생한다는 것을 의미한다.

구역과 배출이 일어나는 동안에는 지속적으로 복부 근육이 수축되고, 식도를 둘러싼 가로막(횡격막)이 느슨해져 목의 식도 근육이 반대 방향으로 수축하고, 상부식도 조임근(괄약근)이 열린다. 또 후두 근육의 수축으로 기관지 입구인 성대문glottis이 닫히고 입이 열린다. 평소 호흡 시에는 복부 근육과 가로막이 교대로 수축하여 숨을 들이마시고 내쉬는 작용을 하고 있으나 구토할 때는 이들이 동시에 수축하여 높은 압력을 만들어 낸다. 구토 과정 중 항문이나 요도를 조이는 음부신경도 활성화되는데, 이는 이들 조임근을 수축시킴으로써 배 안의 압력이 증가하면서 똥이나 오줌이 찔끔 새는 것을 예방한다.

# 어지럼과 현기증
**세상이 캄캄해지고 빙글빙글 돌 때** | 평형감각에 이상이 생기면 나타나는 대표적인 증상이 어지럼인데, 일반인의 15~30%는 일생 동안 한 번 이상은 어지럼으로 병원을 찾는다. 특히 노인의 60%는 주기적으로 어지럼을 겪는다.

어지럼을 정확히 정의하면, 머릿속이 움직이는 느낌을 수반하는 불안정한 감각을 말한다. 이에 대한 영어 표현은 dizziness다. 드물게 giddiness를 같은 의미로 사용하기도 하지만 이 말은 정말

어지러운 것 말고도 사물이나 생각이 정리되어 있지 못하다는 의미의 어지러움이 포함되어 있다. 따라서 평형감각 이상에 의한 어지럼은 dizziness라고 한다. 어지럼 중에서 빙빙 도는 느낌을 따로 vertigo라고 하고, 빙빙 도는 느낌이 아닌 어지럼을 dizziness라고 구분하기도 한다. 이때 vertigo는 우리말 현훈眩暈 혹은 현기증에 해당한다. 그러나 일반적으로 어지럼은 dizziness와 같은 말이고, 어지럼 중에서 빙빙 도는 느낌의 회전성 어지럼은 현기증(현훈)이라고 한다. 정리하면 어지럼 dizziness에는 회전성 어지럼 vertigo과 비회전성 어지럼이 있다.

### 회전성 어지럼 = 현기증

현기증은 자기 몸이나 주변이 움직이는 듯한 느낌이다. 주변이 빙빙 도는 느낌일 수도 있고, 자신의 몸이 아래로 떨어지거나 옆으로 쏠리는 느낌일 수도 있다. 이런 현기증은 대개 메스꺼움과 구토를 동반하고, 머리를 움직일 때 증상이 악화된다. 회전성 어지럼은 대부분 전정신경계의 비정상적인 작동에 의해서 나타난다.

회전성 어지럼은 크게 말초성과 중추성으로 나눈다. 말초성은 속귀와 전정신경에 병이 있는 것이고, 중추성은 뇌가 원인이다. 일반적으로 말초성이 증상이 더 심하고, 원인으로는 양성 돌발성 체위변환성 어지럼, 전정신경염, 메니에르증후군 등이 있다.

양성 돌발성 체위변환성 어지럼에서 '양성良性'이란 나쁘지 않다는 의미이고, '돌발성'이란 갑자기 발생한다는 의미이고, '체위

변환성'이라는 말은 체위를 바꿀 때 발생한다는 의미다. 타원주머니의 평형반에 있는 모래알들이 떨어져 나와 반고리관 안에 들어갔을 때 발병하기 때문에 '귀 안의 돌'이라는 의미에서 흔히 이석증耳石症이라고도 한다. 몸을 움직일 때 반고리관 안의 모래알들이 움직여서 어지럼을 느끼는데, 이것은 마치 롤러코스터에서 머리를 아주 세게 빙빙 돌렸을 때 나타나는 어지럼과 비슷하다.

전정신경염은 환자의 절반가량이 어지럼이 발생하기 2~3주 전에 감기를 앓은 적이 있고, 대개 바이러스가 유행하는 계절에 많이 나타나기 때문에 바이러스에 의한 염증이 원인일 것으로 추정된다. 그래서 병명에 염증을 의미하는 염炎이 붙었다.

메니에르증후군은 속귀에 림프액이 많아지면서 압력이 증가해서 발병한다. 19세기 중반 프랑스 의사 메니에르P. Ménière가 처음 보고해서 그의 이름이 붙었다. 역사적으로 메니에르증후군을 앓은 유명한 사람이 화가 고흐다. 정신병원에 입원도 하고 결국 자살로 생을 마감한 고흐에게 진단이 내려진 병명은 정신분열병, 간질 등 여러 가지이지만, 그의 편지를 연구한 바에 따르면 1888년 그가 자신의 귀를 잘라 버린 것은 메니에르증후군 때문이었다고 한다. 당시 귀에서 소리가 나고 먹먹해지는 병을 가진 사람들은 귀를 바늘과 같은 것으로 뚫기도 했다고 한다.

중추성 현기증은 말초성에 비해 심하지는 않지만 오랫동안 지속된다. 뇌의 혈관은 크게 대뇌의 앞쪽 2/3를 담당하는 목동맥(경동맥)과, 대뇌의 뒤쪽 1/3과 소뇌 및 뇌줄기를 담당하는 척추뇌바

| 그림 8-1 | 고흐가 자신의 귀를 자른 것은 메니에르증후군 때문이었다고 한다. 고흐의 〈자화상〉.

닥동맥 등 두 영역으로 구분된다. 인체의 평형을 담당하는 중추는 소뇌와 뇌줄기이므로 척추동맥이나 뇌바닥동맥에 이상이 생긴 경우 어지럼이 발생한다. 뇌혈관 질환에 의한 어지럼의 경우 흔히 중풍으로 불린다. 이때는 손발 마비, 얼굴신경 마비, 얼굴이나 손발의 감각 이상이 나타나거나, 물체가 두 개로 보인다든지 말을 더듬는다든지 음식을 삼키기 힘들어진다든지 하는 증상이 대개 동반된다.

### 비회전성 어지럼

확실하게 빙빙 도는 느낌이 아니어도 아찔한 느낌, 쓰러질 것 같은 느낌, 머리가 띵한 느낌, 눈앞이 캄캄해지는 느낌, 몸이 떠다니는 느낌, 차멀미하는 느낌, 구역질나는 느낌 등 다양한 증상을 그 냥 어지럽다고 하는 경우가 많다. 이러한 비회전성 어지럼은 빙글 빙글 도는 증상보다는 눈앞이 깜깜해지면서 아찔하고 붕 떠 있는 느낌이다. 회전성 어지럼에 비하여 증상이 오래 지속된다. 심하면 실신까지 하고 손발이 저리거나 집중력이 떨어지고 흔히 두통을 동반한다. 비회전성 어지럼은 전정신경을 포함한 평형기관의 이 상보다는 정신적인 원인이나 심혈관계 질환 때문에 나타나는 경 우도 많다.

앉아 있을 때는 큰 문제가 없고 주변이 움직이는 느낌도 없지 만 몸의 균형을 잡기 어려워 넘어질 것 같이 불안정한 균형 장애 가 있는 경우에도 어지럽다고 느낀다. 이러한 균형 장애는 일정 기간 동안만 발생하는 현기증과는 달리 눕거나 앉아 있을 때는 증 상이 없다가 일어나거나 걸어 다닐 때는 항상 나타난다. 노인에게 흔한 증상이지만 시력장애, 신경계의 이상, 근육 뼈대의 이상 등 다양한 원인에 의해서 발생할 수 있다. 이러한 증상은 여러 가지 감각 기능에 동시에 이상이 생겨 발생하는 경우가 많다.

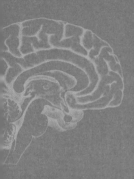

파트리크 쥐스킨트의 소설 《향수》의 주인공 그르누이는 냄새에 관한 천부적인 감각을 타고난 변태인데, 처녀를 살해하여 그들의 달콤한 향내를 들이마시는 것으로 냄새를 향한 비정상적인 열망을 실행한다. 후각은 대체로 사람보다는 다른 동물들에게 발달된 감각이기 때문에 후각에 의존하는 사람들은 미개인, 심하게는 변태, 미치광이로까지 불린다. 사람들은 이처럼 감각 능력 중에서 유난히 후각을 평가절하하는데, 사실 우리가 생활하는 공간에는 항상 냄새가 존재한다. 무취, 무향의 공간은 없다.

영어의 smell, scent는 모두 냄새를 의미한다. 냄새 중에서 사람에게 쾌감을 주는 냄새를 향기<sup>odor, aroma</sup>라고 하고, 불쾌한 냄새는 악취<sup>malodor</sup>라고 한다. 향미<sup>flavor</sup>라는 말은 음식의 냄새와 맛이 복합된 느낌에 대한 표현이다.

# 냄새의 특징

**냄새에 대한 언어의 부재 |** 사람이 맡을 수 있는 냄새는 최소한 만 가지 이상이다. 10만 가지라는 주장도 있다. 그런데 후각은 다른 감각과는 달리 후각 자체를 표현하는 말이 없다. 색은 빨강, 노랑 등으로 이야기할 수 있고, 소리는 주파수나 데시벨로 그 특징을 객관화할 수 있다. 미묘한 미각도 쓴맛이나 단맛 등으로 일반화된 표현 수단이 있지만 후각은 그것이 유래하는 사물에서 나는 냄새로 설명할 수밖에 없다. 아카시아에서 나는 냄새는 아카시아 향으로밖에 표현할 뿐이지 수치로 객관화하거나 일반화된 명사나 형용사로 표현할 수 없다.

아직 냄새를 표현하는 일반화된 언어가 없어서 그런지는 모르지만 사람들은 냄새의 구체적인 정체를 파악하기 어려워한다. 예를 들면 사람들은 커피 냄새나 바나나 냄새 또는 엔진오일 냄새가 서로 다르다는 것은 쉽게 알아차리지만, 미지의 물체에서 나는 어떤 냄새를 맡고 그 물체를 구체적으로 지적하지는 못한다. 커피나 바나나를 보지 않은 상태에서 냄새만 맡고 그것이 커피나 바나나 냄새라고 인식할 확률은 50% 정도에 불과하다. 그런데 앞으로 맡을 냄새와 물질의 목록을 미리 알려 주면 맞출 확률이 높아진다. 냄새를 하나하나 맡게 한 다음 이름을 말하게 하고, 틀렸을 경우 정답을 말해 주는 학습을 하고 나면 냄새를 풍기는 물질의 이름을 맞출 확률이 98%까지 향상된다. 즉 냄새에 대한 사전 정보가 그 냄새에 대한 지각을 바꾼다고 할 수 있다. 그러므로 우리가 냄새의 정체를 파악하기 어려운 것은 냄새의 실제 이름을 기억에서 인출하는 능력이 미숙하기 때문이라고 할 수 있다.

## 냄새의 종류

**헤닝의 냄새 프리즘** | 역사적으로 냄새를 분류하려는 노력은 많았다. 가장 대표적인 것이 20세기 초 헤닝[H.Henning]이 제안한 냄새 프리즘이다. 헤닝의 프리즘에는 여섯 개의 모서리가 있다. 이들 각 모서리에는 '썩은[putrid], 공기[ethereal], 송진[resinous], 짜릿한[spicy], 향기로운[fragrant], 탄[burned]' 냄새 등이 있다. 헤닝은 모든 냄새를 여섯 개의 모서리를 잇는 여덟 개의 선분에 위치시킬 수 있다고 했다. 하지만 시도는 야심찼으나 냄새 프리즘은 후각에 대한 이해를 넓히는 데는 거의 쓸모가 없었다. 현재 그가 제안한 냄새 프리즘은 단지 역사적인 의미가 있을 뿐이다. 그렇다고 해서 더 나은 분류 체계가 만들어진 상황도 아니다.

냄새를 유발하는 물질 중 가장 분자량이 작은 것은 분자량 17의 암모니아다. 일반적으로 분자량이 커질수록 그에 반비례하여 냄새의 세기가 약해진다. 그리고 질소[N]나 황[S]을 함유한 화합물은 저분자일 때 악취가 되고, 고분자가 되면 향을 나타내는 물질이 많다. 이러한 사실을 이용하여 냄새를 화학물질의 구조와 연관하여 분류하고자 하는 시도가 있었다. 그러나 별로 성공적이진 못했다. 냄새를 풍기는 물질의 물리적 화학적 특성과 그 냄새의 지각

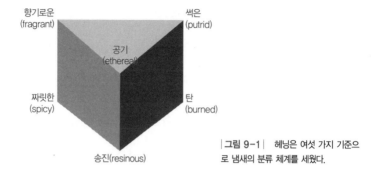

향기로운
(fragrant)

썩은
(putrid)

공기
(ethereal)

짜릿한
(spicy)

탄
(burned)

송진(resinous)

|그림 9-1| 헤닝은 여섯 가지 기준으로 냄새의 분류 체계를 세웠다.

적 특성 사이의 관계는 간단하지 않기 때문이다. 분자구조는 비슷한데 냄새는 전혀 다를 수 있고, 냄새는 비슷하지만 분자구조가 다른 경우도 많다. 또 같은 분자라고 하더라도 농도에 따라서 냄새가 달라진다. 예를 들면 석탄에서 나온 투명한 백색 화합물인 인돌indole은 소량이면 꽃향기가 나지만 고농축 상태에서는 썩은 내가 난다.

## 후각신경

### 350개 수용체가 결합 가능한 경우의 수 | 냄새를 맡는 후각신경은 코 안쪽에 있다. 후각수용체는 코 안쪽 맨 위쪽에 엄지손톱 크기만큼 분포해 있다. 냄새를 유발하는 물질이 후각수용체에 닿으면 전기적 신호가 만들어진다. 이 신호는 후각신경을 통해 뇌로 올라가는데, 후각 신호를 받는 대뇌피질은 후각피질(후각겉질), 눈

확이마피질(안와전두피질)<sup>orbitofrontal cortex</sup>과 편도체다. 편도체는 정서 반응에 관여하고, 눈확이마피질에서는 미각, 시각, 촉각 등의 감각이 종합된다.

사람의 후각수용체는 350개가 있다. 하나의 수용체가 하나의 냄새를 담당하는 것이 아니라, 하나의 물질에 수용체 몇 개가 동시에 반응하여 활성화된 수용체의 조합에 따라 뇌가 느끼는 냄새가 결정된다. 예를 들어 장미 향이 수용체 A, C, E 등을 자극한다고 하면, 아카시아 향은 B, C, D 등을 자극한다. 이러한 방식으로 수용체 350개가 조합될 수 있는 가지 수는 거의 무한정이기 때문에 사람은 냄새를 만 가지 이상 구분할 수 있다.

## 순응과 습관

자신의 입 냄새를 못 맡는 까닭 | 고약한 악취든지 향기로운 향수 향이든지 한 가지 냄새를 오래 맡으면 냄새를 약하게 느낀다. 일정한 세기의 냄새 자극이 지속적으로 수용체를 자극하면, 그 감각신경의 활동이 감소하고 드물게는 소멸되기도 한다. 이런 현상을 순응<sup>adaptation</sup> 혹은 적응이라고 한다. 순응 현상은 감각의 일반적인 특징인데 후각은 다른 감각에 비해 순응이 잘 나타난다. 그래서 하루 종일 맡는 자신의 체취나 입 냄새는 거의 느끼지 못한다.

순응과 비슷한 현상으로 습관<sup>habituation</sup>이 있다. 습관은 주로 중추신경에서 일어나는 현상으로, 코의 후각세포는 냄새에 반응하고 있지만 그 냄새가 의식적으로 지각되지 않는 현상이다. 예를 들면 처음 찾아간 식당과 같은 특정 장소에서는 냄새를 강하게 느끼지만 자주 방문하면 그 냄새를 느끼지 못한다. 이처럼 습관은 지속되는 냄새 자극에 대한 감각 기능이 떨어지는 순응과는 다른 현상이다.

## 후각과 기억

**냄새, 과거로 가는 타임머신** | 와인 전문가는 다양한 종류의 와인에서 풍겨 나오는 향을 구분할 수 있다. 그러나 이들도 시각적인 단서를 잘못 주면 향을 구별하는 능력을 발휘하지 못한다. 동일한 와인에 향이 전혀 없는 색소인 안토시아닌anthocyanin을 첨가하여 색깔을 달리했을 때 이 전문가들은 대부분 두 가지 와인이 전혀 다른 향과 맛이 난다고 감별했다. 후각 기억이 여러 감각과 연결되어 있고, 기억을 재생하는 과정도 후각만을 별개로 독립적으로 재생할 수 없기 때문이다. 즉 뇌에는 어떤 음식에 대한 기억이 저장되어 있는데, 코에서 느껴지는 감각은 그 기억을 인출하는 자극만 줄 뿐이고, 후각은 여러 기억이 함께 연결되어 재생된다.

후각신경에서 뇌로 정보가 전달되는 방식은 다른 감각과 달리 독특하다. 다른 감각들은 모두 시상이라는 중간 과정을 거쳐 대뇌의 전문 영역으로 전달되어 인지되는 반면, 후각은 그러한 중간 단계 없이 뇌로 정보가 바로 전달된다. 그뿐만 아니라 후각은 감정과 기억을 담당하는 뇌에 바로 연결된다. 그래서 냄새는 감정과 기억에 직접 영향을 미치고, 무의식적으로 작용한다.

프랑스의 작가 마르셀 프루스트가 쓴 《잃어버린 시간을 찾아서》에서 주인공은 홍차에 적신 마들렌 과자의 냄새를 맡고 어린 시절에 대한 기억을 회상한다. 여기서 '프루스트 현상'이라는 말이 만들어졌는데, 냄새를 통해 과거를 기억해 내는 현상을 뜻한다. 특정한 냄새는 시각이나 청각 등의 다른 감각보다 더 빠르고 확실하게 과거의 기억을 떠올린다. 냄새는 의식적인 사고 과정을 거치지 않기 때문에 다른 감각으로는 불가능한 경험을 할 수 있는 것이다.

냄새 자극이 과거 기억을 되살리는 데 큰 역할을 한다는 사실은 많은 연구를 통해서 밝혀졌다. 그 한 가지 예가 영국 요크 지방의 요빅Jorvic 바이킹센터에 방문한 사람들을 대상으로 한 연구다. 요빅 바이킹센터는 북유럽에서 건너온 바이킹의 정착 마을이 발굴된 자리에 세워졌는데, 내부에는 바이킹 정착촌이 실물 크기로 재현되어 있다. 사람들은 전동 궤도차를 타고 마을을 관람하는데, 마을 구석구석과 집 안까지 들어갈 뿐만 아니라 소리와 냄새 등 마을의 분위기까지 경험할 수 있다. 이곳을 관람하고 몇 년이 지난 사람들에게 그때 본 내용을 얼마나 기억하는지 조사했다. 질문지를 작성하는 동안 일부는 당시 요빅 바이킹센터의 독특한 냄새를 맡게 했고, 일부는 평범한 다른 냄새를 맡게 했다. 결과는 요빅 바이킹센터의 냄새를 맡은 사람들이 높은 점수를 받은 것으로 나왔다.

# 향료

| 향기를 내는 물질을 향료香料라고 한다. 영어의 perfume에 해당되는 말이다. 향료는 흔히 향수香水라는 말로 쓰인다. 향수 산업이 발달하면서 향료가 대부분 병에 담은 액체 형태로 유통되기 때문이다. 《구약성서》에도 사람들이 향료를 만들어서 사용했다는 이야기가 나오고 이집트의 벽화나 유물에도 향료와 관련된 그림이나 용기가 등장하는 것을 보면 인간이 향료를 사용한 역사는 아주 오래되었을 것이다. 고대 성서 시대에 사용된 향은 뭔가를 태우는 과정에서 나왔다.

perfume의 어원은 라틴어 perfumum인데, 이 단어는 through라는 의미의 per와 smoke라는 의미의 fumum의 합성어로, 무엇을 태우는 과정에서 연기를 통해 나오는 것이라는 의미다.

뭔가를 태워서 향기를 만들어 내는 일은 중세 시대에까지 이어졌다. 14세기 유럽에 흑사병이 강타했을 때 당시 사람들은 마당이나 길거리에서 소나무나 로즈마리를 태워 질병의 확산을 방지하려고 했다. 또 당시에는 질병을 예방하기 위해서뿐만 아니라 체취를 감추기 위해 향수를 사용하기도 했다. 중세 유럽 사회는 목욕하는 문화가 아니었기 때문에 향수를 뿌려 땀 냄새를 감추고 몸에서 나는 자연스런 냄새와 섞이게 했다.

19세기 중반 산업혁명 이후 천연향료를 추출하는 기술이 발전하고, 합성향료도 만들어졌다. 현재 향수의 원료가 되는 향료는 천연향료와 합성향료로 나눌 수 있는데, 우리가 사용하는 향수의 대부분은 이 두 가지 향료를 적당히 섞은 것이다.

향수라고 해서 모든 사람이 좋아하는 것은 아니다. 같은 향을 맡아도 어떤 사람은 매우 유쾌한 향으로 지각하지만 어떤 사람은 불쾌감을 느낄 수도 있다. 향수 냄새를 맡고 두통이나 욕지기, 재채기 등을 경험하는 사람도 많다. 재스민 같은 경우는 사람들이 대부분 좋아하는 향이다. 그래서 좋다고 하는 향수에는 대부분 재스민 향이 섞여 있다. 재미있는 사실은 재스민 향에는 분뇨 냄새를 유발하는 인돌이 2~20%가 섞여 있다는 것이다. 하지만 향수 냄새를 맡고 불쾌감을 느끼는 것과 향수에 악취 성분이 섞여 있는 것 사이에 어떤 관련이 있는지는 확실하지 않다.

향수는 흔히 남성용과 여성용으로 구분해서 판매되지만 사실 향 자체가 남성적이거나 여성적인 것은 없다. 또 일부 향수 회사에서는 실험실에서 인위적으로 만든 페로몬을 향수에 첨가했다고 광고한다. 이런 향수를 뿌리고 이성을 유혹하고자 시도해 본 사람들이 있겠지만 아직 그런 페로몬은 없다. 인간의 성욕을 자극하는 향수도 아직은 없다. 다만 무겁고 따뜻한 향은 친밀감을 느끼게 하므로 성욕을 느끼게 할 수 있고, 동물 향을 사용함으로써 이국적인 분위기를 느낄 수는 있으나 사람마다 그 느낌이 다르다.

# 후각 혐오 요법
성 범죄 치료 방법 | 냄새로 유발되는 기억은 항상 감정을 동반

한다. 그래서 냄새는 과거의 기억을 떠올리는 단서가 될 뿐만 아
니라 자기가 의식하지 못하는 어떤 행동을 유발하는 강력한 요소
가 될 수도 있다. 이를 이용한 방법 중의 하나가 후각 혐오로, 심
한 불쾌감을 유발하는 후각 자극을 이용하여 특정 행동을 교정한
다. 미국의 일부 치료센터에서는 지난 30년 동안 비정상적인 성
행동을 교정하기 위해서 후각 혐오 요법을 시도했다.

우선 교정해야 할 행동이나 생각을 재현하면서 아주 강한 불쾌
감을 유발하는 냄새를 맡게 한다. 이 과정이 반복되면 나중에는
비정상적인 행동을 하지 않는다. 성적인 자극은 주로 슬라이드,
오디오 테이프 혹은 자유로운 상상으로 이루어진다. 냄새는 암모
니아나 썩은 고기 등이 이용되고, 때로 태반이 이용되기도 했다.
치료는 일주일에 세 번 정도 이루어지며, 성적인 자극이 주어지는
동안 30초 간격으로, 하루에 약 30회 정도 냄새를 맡게 한다. 치
료에 효과가 있는지를 판단하기 위해서는 성기의 발기 정도를 측
정한다. 처음에는 비정상적인 성적 자극에 발기가 되지만 냄새 치
료를 시작하고 1~2주가 지나면 이러한 자극에는 발기가 되지 않
는다. 일종의 조건화에 의한 치료 방법이다.

## 악취

**물고기 냄새를 혐오하는 부족** | 사람들이 불쾌하다고 느끼는 냄
새를 이해하는 것도 향수만큼이나 상당히 복잡하다. 토사물에 흔

히 들어 있는 부티르산(낙산)<sup>butylic acid</sup>은 악취를 유발한다. 그런데 이 부티르산은 향이 강한 치즈에도 들어 있다. 사람들에게 부티르산의 냄새를 맡게 했을 때, 냄새에 대해서 아무런 정보를 받지 못한 사람들은 토사물 냄새를 맡았지만 음식을 생각하라는 암시를 받은 사람들은 치즈 냄새를 맡았다. 홍어를 좋아하는 사람들은 숙성된 홍어 냄새를 구미가 당기는 향으로 느끼지만 그렇지 않은 사람들은 역겨운 느낌을 받는 것과 같다. 일반적으로 고약한 냄새는 주로 몸에서 난다. 불에 탄 머리털, 토사물, 대변 등이 몸에서 나는 대표적인 악취 유발 물질이지만, 아마 무엇보다 가장 심한 악취는 동물 살이 썩는 냄새일 것이다.

그런데 악취에 대한 기준이 절대적인 것은 아니다. 향과 악취는 사회문화적으로 결정되는 상대적인 선호일 뿐이다. 농업과 목축업으로 생활하는 에티오피아의 다사네치<sup>Dasanech</sup> 부족에게 악취는 건기라는 시간을 알려 주는 기능을 한다. 건기에는 들판의 식물이 시들어 죽고 과일 썩은 냄새가 난다. 이 냄새는 하늘로 솟아올라 구름에 흡수되어 흩어진다. 우기에는 비가 내려 들판에 새로운 풀이 자라게 하고, 꽃을 피우며 달콤하고 신선한 향기를 다시 가져다준다. 이들에게 건기의 부패 냄새와 우기의 창조 냄새는 시간의 리듬일 뿐이다. 이들이 정말로 싫어하는 유일한 냄새는 물고기 냄새다. 계절의 변화가 없어 보이는 물속에 사는 물고기는 자연의 순환에서 벗어나 있다고 믿기 때문이다.

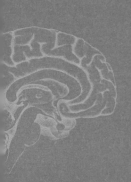

# 10

## 미각

일류 요리사들은 음악가나 화가와 같은 예술가 대접을 받아 왔다. 미식의 경전으로 읽히는 《미각의 생리학》을 쓴 브리야사바랭Brillat-Savarin은 "식사의 쾌락은 다른 모든 쾌락이 사라지고 난 후에도 마지막까지 남아 우리에게 위안을 주고, 새로운 요리의 발견은 새로운 천체의 발견보다 인류의 행복에 더 큰 기여를 한다."고 했다. 요리가 예술이라면 그것을 즐기는 사람들은 문화인이라고 불러도 될 것 같다. 사실 따지고 보면 라틴어로 문화를 의미하는 cultura 라는 단어의 어원은 음식의 생산, 즉 경작을 의미하는 라틴어 colere로 거슬러 올라간다.

후각과 미각은 둘 다 화학물질에 대한 감각이다. 둘 사이의 차이는 후각이 기체로 된 화학물질을 감지한다면 미각은 고체나 액체 형태로 된 분자를 감지한다는 것이다.

# 맛의 종류

**짠맛, 단맛, 신맛, 쓴맛, 우마미** │ 아리스토텔레스가 《영혼론》에서 단맛, 신맛, 짠맛, 쓴맛을 네 가지 기본 맛이라고 한 이후 2,000년 동안 이 이론에는 별다른 도전이 없었다. 20세기에 들어서는 네 가지 맛을 혀의 특정 부분에 할당하여, 혀의 맛 지도를 작성했다. 단맛은 혀끝에서 느끼고, 양 옆에서 신맛, 뒷부분에서 쓴맛을 느끼고, 짠맛은 혀 전체에서 느낀다는 것이 밝혀졌다. 그런데 20세기 초에 새로운 맛이 발견되었다. 우마미 umami 라는 맛으로, 이케다 기쿠나에 池田菊苗가 해조류 국물에 들어 있는 글루타메이트 $C_5H_9NO_4$가 이 맛을 낸다는 것을 밝혔다. 우마미란 일본 말로 '맛있다' 는 의미이고, 우리말로 하자면 '감칠맛' 이다.

이케다의 발견 이후 많은 요리에 이 성분이 들어 있다는 것이 밝혀졌는데 치즈, 토마토소스, 육수, 간장 등과 같은 자연식품에도 다량 함유되어 있다. 사람들이 육류를 즐기는 이유도 결국 글루타메이트의 우마미 때문이다. '요리의 제왕' 으로 불린 프랑스 요리사 에스코피에 A. Escoffier가 개발한 송아지 고기 육수도 글루타메이트의 우마미 맛을 잘 이용한 것이었다. 그 덕분에 그는 프랑스 요리가 세계적으로 명성을 얻게 한 공로로 1920년 레지옹 도뇌르 훈장을 받았다.

글루타메이트를 안정한 분자로 만든 MSG monosodium glutamate는 현재 조미료의 대명사처럼 사용된다. 조미료란 음식에 맛을 더하기 위해 추가하는 식품, 즉 소금, 식초, 설탕 등을 말한다. MSG는 중국 음식에 많아 중국 음식을 섭취한 후 나타나는 두통의 원인으로 지목되지만 MSG 자체가 건강에 해로운 것은 아니다.

흔히 맛이라고 말하는 매운맛이나 떫은맛과 같은 감각은 미각세포에서 느끼는 것이 아니고, 통증신경이나 촉각신경에 의한 작용이다. 특히 매운맛은 통증과 동일한 피부감각이다. 매운 고추를 먹으면 처음엔 따갑다가 조금 있으면 입 안이 얼얼해지는 것을 느낄 수 있는데, 이는 통증신경세포가 두 단계에 걸쳐 신호를 대뇌에 전달하기 때문이다. 첫째는 매운맛을 느끼자마자 약 0.1초만에 대뇌로 위급 상황에 대한 경보 신호를 보내고, 그 뒤에 지연통각이라고 해서 얼얼해지는 것을 알린다. 고추를 먹고 나서 느끼는 통증은 주로 지연통각이다.

우리가 느끼는 매운맛은 상당히 넓은 범위의 감각을 포괄한다. 이를 크게 구분해 본다면, 매운맛이 오래 지속되는 '뜨거운 형태'와 매운맛을 느끼지만 뒤에 남지 않는 '날카로운 형태'의 두 가지로 나눌 수 있다. 뜨거운 형태는 고추, 생강, 후추 등을 먹었을 때 느끼는 매운맛이다. 이들은 열에 강하기 때문에 뜨겁게 가열하여도 매운맛이 살아 있다. 고추를 먹고 매운 느낌을 받는 것은 고추의 캡사이신이라는 성분 때문인데, 캡사이신은 초기에 통증을 일으키지만 장기간에 걸쳐 반복적으로 자극을 주면 통증에 관련된 신경을 비활성화하고 종국에는 퇴행시킨다. 따라서 매운맛에 길든 사람은 입 안의 통증신경이 무디어져 있기 때문에 더욱 매운맛을 찾는다. 한편 날카로운 형태는 열에 약하여 가열하면 매운맛이 사라지는데, 고추냉이, 겨자, 마늘 등과 같은 음식에 의해서 유발된다.

떫은맛은 맛이라기보다는 입 안의 점막이 수축되는 느낌을 말한다. 주로 폴리페놀이 많이 함유된 음식을 먹었을 때 느낀다. 폴리페놀은 혀의 점막 단백질과 강하게 결합하여 점막을 수축시킨다. 떫은맛을 내는 대표적인 성분인 탄닌은 분자량 500 이상의 식물성 폴리페놀을 통칭하는 것이다. 떫은맛이 쓴맛, 매운맛 등과 복합적으로 느껴지는 불쾌한 느낌을 아린 맛이라고 한다.

박하를 먹으면 입 안이 시원해지는 느낌을 받는데, 이는 박하 성분이 침에 녹을 때 열을 흡수하여 입 안 점막의 온도가 낮아지기 때문이다. 최근에는 박하의 성분인 멘톨이 차가움을 느끼는 신경을 직접 자극한다는 사실이 밝혀지기도 했다. 자일리톨과 같은 당알코올은 단맛과 함께 시원한 느낌을 유발한다. 여기에 굳이 맛이라는 말을 붙이자면 찬 맛cooling taste이라고 할 수 있다. 그러나 정확히 말하자면 피부감각의 일종인 온도감각이다.

매운맛, 떫은맛, 아린 맛, 찬 맛 등은 혀의 미각세포에서 일어나는 작용이 아니기 때문에 맛에 포함되지는 않는다. 혀의 미각신경이 작동함으로써 느껴지는 것만을 맛이라고 할 때, 지금까지 밝혀진 맛은 짠맛, 단맛, 신맛, 쓴맛, 우마미 등 다섯 가지다.

# 미각신경
혓 바 닥 에 핀 꽃 | 혀를 내밀어 자세히 보면 표면이 우둘투둘한데

가운데는 약간 흰색이고 가장자리는 붉은 빛을 띤다. 우둘투둘 거칠게 보이는 것은 유두papilla 때문인데, 유두의 종류가 부위마다 달라 혀의 색이 부위별로 다르게 보인다. 유두를 현미경으로 관찰해 보면 유두 하나에는 맛봉오리(미뢰)taste bud가 수백 개씩 있다. 맛봉오리는 이름 그대로 미각세포들이 꽃잎처럼 겹쳐져 있는 형태다. 사람의 혀에는 맛봉오리가 10,000개 정도 있고, 각각의 봉오리에는 50~100개의 미각세포가 존재한다. 맛봉오리는 주로 혀에 있지만 입천장, 후두, 인두 등에도 존재한다. 혀가 없어도 여전히 맛은 느낄 수 있는 이유다. 그래서 옛날에 혀를 자르는 형벌을 받은 사람이나 오늘날 혀에 생긴 암 때문에 혀를 잘라 내는 수술을 받는 사람들은 비록 음식을 삼키는 것은 어렵지만 맛에 대한 감각은 살아 있다.

음식의 화학물질이 미각세포에 닿으면 세포에서는 전기 신호가 만들어진다. 수소이온과 나트륨이온이 세포막을 자극하면 각각 신맛과 짠맛을 느낀다. 반면에 단맛, 쓴맛, 우마미 등은 그 맛을 가진 화학물질이 단백질 성분의 수용체와 결합하여 느껴진다. 혀에서 형성된 전기 신호는 7번과 9번 뇌신경을 따라 뇌줄기의 고립로핵solitary nucleus에 이르고, 이는 다시 시상을 거쳐 뇌섬엽과 이마덮개피질로 전달된다. 일부는 눈확이마피질로도 전달되어 후각 신호와 만난다.

흥미롭게도 쓴맛을 매개하는 수용체인 거스트듀신gustducin은 눈의 수용체에 들어 있는 트랜스듀신과 비슷하여 생화학적으로 거의 동일하다. 거스트듀신 유전자 기능을 파괴한 쥐들은 쓴맛이나 단맛 자극에 대한 반응이 현저히 감소한다. 그러나 짠맛이나 신맛을 느끼는 데에는 변화가 없다. 짠맛이나 신맛은 산이나 나트륨이온이 직접 세포막을 자극하기 때문이다.

쥐가 맛을 느끼는지의 여부는 그 맛이 나는 용액을 마시게 한 다음 미각신경의 전기적 활동을 조사하여 파악한다. 쥐에게서 쓴맛을 감지하는 거스트듀신을 파괴한 다음 쓴맛에 대한 미각신경의 반응을 조사해 봤다. 쓴맛에 대한 반응이 현저히 감소하기는 했지만 완전히 없어지지는 않았다. 시각에 작용하는 트랜스듀신 유전자가 미각에도 작용했을 가능성이 크다. 전혀 다른 감각기관으로 보이는 시각과 미각을 감지하는 수용체가 같은 기능을 할 수 있다는 점이 흥미롭다.

## 미각의 특성
**단맛은 강하게, 쓴맛은 약하게 하는 소금** | 음식이 혀에 닿는 순간부터 미각을 느끼기까지의 시간은 맛에 따라 차이가 있긴 하지만 1~2초로 매우 짧기 때문에 현실적으로 그 차이를 느끼기는 어렵다. 그래서 우리는 혀에 음식이 닿는 순간 그 음식 맛을 느낀다고 생각한다. 반응 시간은 짠맛이 가장 짧고, 다음이 단맛, 신맛, 쓴맛의 순으로 길어진다. 반응 시간은 자극 부위의 넓이에 따라서도 달라지는데, 혀의 넓은 면적이 동시에 자극되면 반응 시간이

짧아진다. 그리고 미각 자극이 없어진 다음에도 잠시 동안 미각은 지속된다. 즉 음식을 다 삼킨 다음에도 그 음식 맛이 한동안 계속 느껴진다. 이를 잔상이라고 하는데, 미각의 전반적인 잔상 지속 시간은 시각과 거의 동일하고, 청각이나 촉각보다는 짧다. 그러나 맛에 따라 잔상 지속 시간은 조금씩 다른데 쓴맛이 비교적 길다.

미각은 쉽게 순응하는 성질이 있어 같은 맛을 장시간 보고 있으면 그 음식물 또는 그 맛에 대한 미각이 줄어든다. 미각의 순응 시간은 1~5분이다. 즉 1~5분 동안 맛이 똑같은 음식에 대해서는 미각을 못 느낀다. 그러나 실제로 우리가 한 가지 음식물을 계속 씹고 있다고 해서 그 음식의 맛을 못 느끼는 것은 아니다. 음식물을 씹으면 음식물에 들어 있는 다양한 미각 물질이 침에 계속 새로 녹아 나오기 때문이다. 그러나 순수한 화학물질로 미각을 시험해 보면 순응 현상을 쉽게 알 수 있다. 순응은 혀에 있는 미각세포보다는 중추에서 일어나는 것으로 보인다. 또 순응은 비슷한 종류끼리도 일어나는데, 한 가지 산酸에 일단 순응되면 다른 종류의 산에도 신맛을 덜 느낀다.

달콤한 맛을 강하게 하려면 소금을 약간 첨가해야 한다. 이는 한 가지 맛에 순응이 일어나면 다른 종류의 맛에는 오히려 더 예민해진다는 사실을 이용한 것이다. 설탕으로 단맛에 순응된 미각은 소금에는 더욱 예민하게 반응한다. 이러한 예민도의 증가는 동시적인 자극에도 성립한다. 혀의 한쪽은 소금으로 자극하고, 다른 한쪽은 설탕으로 자극하면 단맛을 더욱 강하게 느낀다.

다른 자극끼리 상호 작용하여 강화만 일어나는 것은 아니다. 서로 약화하는 조합도 있다. 설탕은 신맛이나 쓴맛을 억제한다. 그래서 도저히 들이킬 수 없는 식초라도 설탕을 많이 넣으면 그럭저럭 마실 수 있다. 설탕이 신맛을 억제하는 원인은 잘 모르지만 수소이온 농도를 변화시켜서 나타나는 현상은 아닌 것으로 보인다. 소금은 쓴맛을 약화한다. 그래서 카페인의 쓴맛을 약하게 하려면 필터에 소금을 약간 넣으면 좋다. 종합해 보면 소금은 단맛은 강화하고, 쓴맛은 약화하는 이중적인 작용을 한다.

# 향미

**음식 맛은 미각으로만 느끼는 것이 아니다** | 눈을 감고 코를 막은 다음 양파와 사과를 먹으면 이 둘을 구별할 수 없다. 물론 코를 막은 채 음식을 삼킬 수는 없기 때문에 실험은 입 안에서 씹는 단계까지만 가능하다. 양파 대신 사과와 씹는 느낌이 비슷한 고구마를 사용해도 마찬가지다.

음식의 맛은 단지 미각만으로 느끼는 것이 아니다. 후각이 같이 작동해야 비로소 맛을 느낀다. 음식에 의해 후각과 미각이 자극되었을 때 경험하는 느낌을 향미라고 한다. 향미를 느끼는 데는 먹기 전에 맡는 냄새뿐만 아니라 입에서 씹고 삼키는 중에 코 뒤쪽에서 코로 올라가는 냄새도 중요하다. 따라서 향미는 음식을 먹는 사람의 침 상태, 호흡, 씹는 속도나 횟수 등 다양한 요인의 영향을 받는다. 음식을 먹는 속도만을 비교해 본다면 빨리 먹는 사람들은 향미를 제대로 느낄 수 없다.

음식의 향미는 미각이나 후각뿐만 아니라 음식이 씹히는 촉감, 온도, 색, 자극성 등에 의해서도 영향을 받는다. 음식을 씹는 입안의 촉감을 예로 들면, 바삭바삭, 쫄깃쫄깃 혹은 파삭파삭 등과 같은 느낌이 음식 맛에 중요한 역할을 한다. 그리고 음식을 액체로 균질하게 만들면 음식에 대한 감촉이 비슷해지기 때문에 고기를 곱게 간 닭죽과 쇠고기 죽의 맛을 구별하는 것이 쉽지 않다. 음식의 온도도 음식의 맛에 중요한 역할을 한다. 혀끝의 온도를 높이기만 해도 혀는 약간 단맛을 느끼는데, 이는 온도가 35°C까지 올라갈수록 강해진다. 반면 5°C로 냉각시키면 신맛을 느낀다.

아침식사 대용 시리얼을 만든 켈로그는 건강을 위해 "씹고 또 씹자."고 외쳤다. 그러나 음식을 씹는 횟수는 의식적인 노력보다는 음식의 특성에 따라 달라진다. 사람들은 음식을 먹을 때 보통 1분에 100번 정도 씹는다. 사람은 덩어리로 된 음식은 한 번에 삼키지 못하기 때문에 음식물을 아주 작은 조각으로 만들고 침으로 매끄럽게 한 다음에야 식도로 쉽게 넘길 수 있다. 그러나 무조건 작게 조각 내는 것은 아니고, 침의 결합력으로 일정한 덩어리를 만들어 삼킨다. 너무 작은 입자는 기관지로 잘못 들어갈 위험성이 있기 때문이다. 즉 음식을 씹는다는 것은 음식을 잘게 부수는 과정일 뿐만 아니라 적당한 크기로 재배열하는 과정이다. 그래서 씹는 데 가장 적합한 횟수는 음식마다 다르다.

미식가들이 요리를 먹으면서 포도주를 함께 마시는 것은 음식을 즐기기 위한 한 방법이다. 포도주에는 침을 묽게 하는 탄닌산이 들어 있는데, 침을 묽게 하면 음식물 사이의 응집력이 감소하기 때문에 음식을 삼키기 적당한 크기가 될 때까지 침을 첨가하기 위해서는 씹는 시간이 늘어나야 한다. 그러면 사람들에게 요리를 음미할 시간적인 여유가 주어진다. 이것은 우리가 의식적으로 음식을 오래 씹어서 느끼는 향미와는 다른 차원이다.

시각도 향미에 중요하다. 백포도주를 색깔만 붉은색으로 바꾸면 사람들은 그것을 마시면서 적포도주라고 느낀다. 포도주 전문 감별사들도 붉은색을 띠는 포도주는 적포도주로 감별한다. 또 청각도 향미에 중요하다. 바닷소리가 들리는 곳에서 굴을 먹으면 농가의 가축 소리를 들을 때보다 굴이 더 짜게 느껴진다.

바퀴벌레나 구더기 등을 먹는 문화권이 있는 것을 보면 인간은 문화적인 배경에 따라 거의 모든 음식을 즐길 수 있다. 우리는 때로 전혀 먹을 수 없던 음식을 즐길 수 있게 되기도 한다. 이런 맥락에서 보면 향미는 문화 · 역사적인 영향을 크게 받는 감각이라고 할 수 있다.

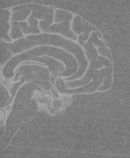

# 11

## 피부
## 감각

피부에서 느끼는 감각을 흔히 촉감이라 하는데, 촉감은 피부에서 느끼는 감각 중의 하나일 뿐이다. 피부감각은 기능을 기준으로 기계감각, 통증감각, 온도감각 등 세 종류로 나뉜다. 기계감각이란 접촉, 진동, 압력 등과 같은 물리적 힘과 관련된 감각이다. 촉감은 기계감각에 속한다. 기계감각을 담당하는 수용체는 신경 말단에 피막을 가진 특수 구조로 이루어져 있고, 통증이나 온도감각을 담당하는 수용체는 그냥 신경 끝이 가늘게 갈라진 구조로 되어 있다.

피부는 두 층으로 이루어져, 바깥층을 표피 epidermis라고 하고 표피 아래를 진피 dermis라고 한다. 표피의 두께는 종이 한 장 정도이고 진피는 그것의 열 배 정도인데, 피부감각수용체는 표피와 진피에 두루 걸쳐 존재한다.

# 피부감각의 중요성

피부감각과 걷기의 상관관계 | 1982년, 다른 감각은 정상인데 피부감각만을 상실한 한 환자가 학계에 보고되었다. 그는 36세 농장 관리인으로, 다트 던지기 챔피언 기록도 가지고 있었다. 그런데 서서히 다트 던지기 실력이 떨어지더니 나중에는 시합에 참가할 수도 없을 지경이 되었다. 처음 다리와 발에 이상 감각을 느낀 것은 1979년, 독감과 유사한 병을 앓고 난 지 얼마 지나지 않아서였다. 2주 뒤에는 저린 느낌이 손과 팔까지 진행되었다. 증상이 계속 진행될수록 손목과 무릎까지 마비되어 걷기도 어려워졌다. 섬세함이 요구되는 손작업은 이제 할 수 없었다. 옷의 단추를 잠그기도 어려웠고, 펜으로 글을 쓰는 것도 불가능해졌다. 또 오줌을 누면서 오줌이 나오는 것을 느낄 수도 없었다. 비록 성기가 발기는 되지만 사정은 불가능했다. 1980년 말에 그는 다리가 약해지는 느낌을 받았고, 중간에 쉬지 않고서는 한 번에 1~2km 이상을 걸을 수도 없었다.

1981년에 그에 대한 정밀한 검사가 수행되었다. 전반적인 건강 상태는 좋아 보였고, 청력, 시력, 말하는 능력도 정상이었다. 눈에 띄는 이상 소견은 감각신경의 마비였다. 팔과 다리에서 진동, 온도, 통증 등에 대한 감각이 떨어졌으며, 촉감도 없었다. 운동신경은 정상이었기에 손발의 힘은 정상적이었다. 하지만 손이나 발을 움직이기 위해서는 눈을 뜨고 자기 손발의 위치를 지속적으로 추적해야만 했다. 그래서 그는 손으로 하는 작업을 할 수 없었고, 정상적으로 걷기도 어려웠다.

우리가 펜을 쥐고 글을 쓸 때 펜을 잡는 힘이나 방향은 자동적으로 조절된다. 그런데 감각신경이 파괴되면 펜을 잡은 각 손가락에 적당한 힘을 배분할 수 없기 때문에 글씨를 쓸 수가 없다. 걸을 때도 마찬가지다. 걸을 때 발바닥에 느껴지는 감각이나 관절의 위치 등이 자동적으로 조절되어야 하는데, 이러한 자동 감각 기능이 마비되면 눈으로 길바닥과 자기 몸의 위치를 봐 가면서 걸어야 한다. 밝을 때는 주춤주춤 걸을 수 있지만 어두우면 이것도 아예 불가능해진다.

피부감각을 완전히 상실하면 위험에 처할 수도 있다. 촉감과 통증이 주는 경고 신호가 없기 때문에 피부에 상처를 계속 입을 수 있기 때문이다. 2008년 7월 미국에서 56세 여성이 잠깐 낮잠을 자는 사이에 자기가 기르던 애견 닥스훈트에게 자신의 발가락을 갉아 먹히는 사고를 당했다. 그 여성은 당뇨병과 그로 인한 신경 손상 합병증을 앓고 있어서 발가락에 감각이 없었기 때문에 개가 물어뜯는 것을 느낄 수 없었다.

피부감각은 신체의 기능 보존뿐만 아니라 유전자의 재생산에도 중요하다. 남녀 간의 관계는 시각에서 시작하여 손 잡기, 입술의 접촉과 두 생식기의 만남으로 이어진다. 입술과 손, 성기 등은 감각신경이 밀집되어 있어 신체에서 가장 예민한 부위다. 이러한 촉감의 즐거움은 자손의 재생산으로 이어진다. 아무도 촉감 없는 성교를 하지는 않을 것이고, 촉감 없는 성교나 키스는 상상하기도 어렵다.

# 기계감각

피부에서 접촉, 진동, 압력 등을
느끼는 기계감각을 담당하는 수용체를 현미경으로 관찰해 보면
네 가지 모양으로 구분된다. 이 네 가지는 촉각원반 Merkel's disk, 촉
각소체 Meissner's corpuscle, 망울소체 Ruffini's corpuscle, 층판소체 Pacini
corpuscle 등이다. 이들은 감각하는 종류가 약간씩 다르며 부위에 따
라 분포하는 숫자도 다르다.

　손가락 끝, 입술, 외부 성기 등의 피부 가장 바깥층에 조밀하게
분포한 수용체가 촉각원반이다. 촉각원반은 느리게 적응한다. 즉
동일한 자극이 계속 주어져도 같은 반응을 한다. 그래서 키스를
오래 한다고 입술의 감각이 둔해지는 것도 아니고, 성교를 오래
한다고 성기의 감각이 무디어지지도 않는다. 그리고 애인의 부드
러운 손길은 아무리 만져도 계속 부드럽다. 후각은 빠르게 적응하
기 때문에 상대방의 냄새가 금방 사라지는 것과 대조적이다. 촉각
원반만을 따로 자극하면 가벼운 압력을 느낀다. 이런 특성 때문에
촉각원반은 접촉하는 물체의 모양, 날카로운 정도, 거친 감촉 등
을 식별하는 데 중요한 역할을 한다. 그러나 적응이 아무리 느리
다고 해도 오랜 시간 지속되는 자극에는 적응을 한다. 그래서 하
루 종일 입고 지내는 옷에서는 촉각 자극을 느끼지 못한다.

　기계감각수용체 중 적응이 빠른 것은 피부 깊숙이 피하지방에
존재하는 층판소체다. 그래서 같은 자극이 지속적으로 주어질 때
수용체의 반응이 급속히 떨어진다. 이것은 바꿔 말하면 자극의 강

도가 변할 때 더욱 민감하게 반응할 수 있다는 의미다. 따라서 층판소체는 진동감각을 감지할 수 있다. 사람의 경우 층판소체가 피하지방뿐만 아니고 내장에 접한 지방층에도 존재한다. 이는 내장의 움직임에 따라 받는 압력을 감지할 수 있다는 말이다. 그래서 위가 팽창해서 생기는 압력이 감지되면 우리는 배가 부르다고 느낀다.

오리, 두루미 등의 조류에서도 사람의 층판소체와 유사한 수용체가 발견된다. 다리에 있는 수용체는 물의 흐름을 감지하고, 날개에 있는 수용체는 공기 흐름을 감지한다. 그래서 물이나 공기의 흐름 변화에 즉각적으로 대응할 수 있다.

촉각에 대한 정확도는 일정한 거리 간격을 두고 바늘 두 개로 피부를 자극해서 두 점을 식별할 수 있는지로 평가한다. 가장 예민한 부위는 손가락 끝이다. 특히 엄지가 예민하다. 이 부위에서는 2mm만 떨어져도 별개로 인식한다. 그래서 한글이나 영어 점자點字에서 점의 크기나 점과의 간격은 2mm다. 브라유Braille 점자는 맹인이 손끝으로 글자를 읽을 수 있게 돋우어진 점들의 체계다. 브라유 문자에 숙련된 사람은 분당 100단어의 속도로 책을 읽을 수 있다. 이는 일반인의 평균 독서 속도인 분당 250~300단어보다는 느리지만 소리 내면서 읽는 속도에 필적한다.

점자를 읽을 정도로 예민한 손가락과는 대조적으로 팔이나 다리의 피부는 이보다 20배 큰 40mm 간격으로 자극이 주어져야 별개로 인식한다. 이러한 차이는 기계감각수용체의 숫자에 따라 달라진다.

보통 물체의 모양과 감촉을 세밀하게 지각하는 촉각 식별에는 능동적 탐색이 필요하다. 사람의 경우 전형적인 능동적 탐색은 손으로 물체를 쥐고 만져 보거나 또는 흥미 있는 물체와 피부 사이에 접촉이 연속되도록 손가락으로 물체의 표면을 쓸어 보는 것이다. 감촉을 정확하게 식별하기 위해서는 피부와 물체 표면 사이의 상대적인 움직임이 절대적으로 중요하다. 그래서 촉각의 정확성은 수용체의 밀도뿐만 아니고 그 사람의 집중도에 영향을 미치는 피로나 스트레스에 따라서도 달라진다.

## 통각

**내장의 통증은 피부로 느낀다** | 통각은 통증감각을 줄여서 부르는 말이다. 통각은 개체에 닥친 위험을 뇌에 경고해 주기 때문에 생명체의 생존에 기여한다. 그러나 신체의 손상에 대한 방어 기능을 다 한 뒤에도 신경계의 이상을 초래하여 나타난 통증은 그 자체가 질병이 된다. 통증이 만성화되면 생명체의 생존에 도움이 되기보다는 오히려 생존 가능성을 감소시킨다. 이것이 통증의 이중성이다.

국제통증연구회에서 정의한 통증은 '실제적인 혹은 잠재적인 조직 손상과 연관되어 표현되는 감각적, 정서적으로 불쾌한 경험'이다. 실제적인 손상이란 뜨거운 물체에 접촉하여 화상이 생겼을 때와 같은 상황을 말하고, 잠재적인 손상이란 뜨거운 물체에 접촉한 순간에 느끼는 것을 말한다. 잠재적 손상이라고 해도 통증과 같은 느낌으로 화상과 같은 더 큰 조직 손상을 방지하는 역할을 한다.

날카로운 물체에 찔리면 처음에는 날카로운 통증을 느끼지만 조금 후에는 통증이 둔하고 타는 느낌으로 바뀐다. 초반의 통증은 1차 통증, 후반의 통증은 2차 통증이라고 한다. 이는 통각이 두 종류의 신경섬유를 통해서 뇌로 전달되기 때문에 나타나는 현상이다. 이들 통각을 느끼는 신경은 촉감이나 온도감각과는 다르다. 1차 통증은 빠른 신경(Aδ) 전달 경로로, 2차 통증은 느린 신경(C) 전달 경로로 뇌에 전달된다. 각 신경을 선택적으로 차단하면 각각의 통증을 못 느낀다.

통각은 즉각적인 반응을 해야 하는 자극이기 때문에 뇌에 전달되는 속도가 빠를 것 같지만 실제는 촉감보다 더 느리다. 그러나 이러한 차이가 우리가 의식할 수 있는 정도는 아니다. 통증은 통각수용체뿐만 아니라 다른 수용체의 자극에 의해서도 느껴질 수 있다. 대표적인 예가 고추의 매운맛을 감각하는 수용체[TRPV1]다. 이 수용체는 캡사이신과 열 자극에 모두 반응한다. 그래서 고추를 먹으면 화끈거리고 맵다고 느낀다.

통각을 뇌로 전달하는 경로는 아주 복잡하지만 크게 두 가지로 나뉜다. 하나는 척수에서 뇌줄기와 시상을 거쳐 마루엽으로 가는 신경 경로이며, 다른 하나는 뇌줄기에서 곧바로 시상하부와 편도

amygdala에 이어지고 시상을 통해 뇌섬엽과 띠이랑 cingulate gyrus에까지 이어진다. 전자는 유해한 자극의 위치, 강도, 질을 전달하는 감각 구별 요소이며, 후자는 감정 변화와 자율신경을 자극하는 경로다. 전자가 객관적인 정보라고 한다면 후자는 주관적인 정보를 만들어 낸다고 할 수 있다. 객관적 정보를 전달하는 첫째 신경계에서는 통증이 어디에서 발생했는지, 자극이 얼마나 센지, 어떤 종류인지를 지각하고, 두 번째 신경계는 통증으로 인한 불쾌함과 같은 감정적 경험을 처리한다. 모든 감각이 주관적이기는 하지만 통증은 주관적이라는 특성이 확연히 드러난다.

통증에 영향을 미치는 또 다른 구성 요소는 인지 과정이다. 전쟁 중 군인들은 큰 부상을 당해도 통증을 잘 느끼지 못한다. 그러나 일단 후방의 안전한 병원에 후송되어 정신을 차리고 자신의 상처를 보는 순간 소리치며 괴로워한다. 인지 과정이 통증에 영향을 미치기 때문이다. 이는 위약 placebo 효과에서도 나타난다. 위약偽藥이란 가짜 약을 말하고, placebo는 '나는 즐거울 것이다' 라는 뜻이다. 수술 후 통증을 호소한 환자에게 진통제라고 속이고 식염수를 주입하면, 75%에서 만족스러운 진통 효과가 나타난다. 그러나 이러한 위약 치료는 환자를 속인다는 윤리적인 문제가 있기 때문에 일반적인 진료 유형은 아니다.

통증은 대부분 처음에 신체 어느 한 부위에서 발생한다. 이때 그 원인이 적절히 제거되면 통증이 없어지지만 초기에 해결되지 못하고 만성화되면 그 부위를 잘라 내도 통증은 계속된다. 만성

통증 회로가 이미 뇌에 형성되었기 때문이다. 이때 인지 작용이 통증 발생에 중요한 역할을 한다.

상한 음식을 먹으면 배가 아프다는 것을 느낀다. 내장에도 통증을 감각하는 신경이 있어서 척수를 통해서 뇌로 정보가 전달되기 때문이다. 그런데 척수에는 내장에서 발생하는 통증 정보를 독립적으로 전달하는 별도의 신경세포는 없다. 내장 통증은 척수에서 피부의 통증을 전달하는 신경세포를 통해 느낀다. 같은 신경을 이용하기 때문에 경제적인 구조이지만 이러한 구조로 인해 내장에서 발생한 통증이 피부의 통증으로 느껴진다. 그래서 환자들이 병이 있지 않은 부위에서 통증을 호소하는 혼란스러운 현상이 나타난다. 가령 식도에서 발생한 통증은 왼쪽 앞뒤 가슴에서 느껴지고, 우상ㅎ上복부에 있는 담석증에 의한 통증은 어깨가 아프다고 느껴진다. 또 협심증과 같은 심장병에 의한 통증은 가슴과 팔 및 손에서 느껴진다. 이러한 통증을 연관통이라고 한다.

## 온도감각

**매운 고추를 먹으면 화끈거리는 이유** | 온도를 감각하는 수용체가 밝혀지기 시작한 것은 1997년 이후 극히 최근이다. 현재 여섯 종류의 수용체가 알려졌는데, 이들 수용체는 반응하는 온도가 서로 달라서 각기 뜨거움, 따뜻함, 시원함, 차가움 등에 반응한다. 극단적인 뜨거움이나 차가움은 온도수용체뿐만 아니고 통각수용

체도 자극한다. 그래서 이 경우는 온도와 통증을 동시에 느낀다.

제일 먼저 밝혀진 온도수용체는 42°C 이상의 뜨거운 온도에 반응하는 수용체 TRPV1다. 그런데 특이하게도 이 수용체는 고추에 들어 있는 화학물질 캡사이신에도 반응을 하기 때문에 캡사이신 수용체라고도 불린다. 25°C 이하의 온도를 감지하는 한 수용체 TRPM8는 박하에 들어 있는 멘톨에도 반응을 한다. 그래서 박하를 먹으면 시원함을 느낀다. 이처럼 현재까지 밝혀진 온도수용체는 모두 화학물질에도 반응한다. 그러나 아직 이들 수용체가 어떻게 온도라는 물리적 자극을 감지하는지는 잘 모른다.

## 가려움

**가 려 운  데 를  긁 는  쾌 감 과  오 르 가 슴** | 가려움이란 긁거나 비벼 대고 싶은 욕망을 일으키는 불쾌한 느낌이다. 모기가 물면 우리는 가려움을 느끼고, 오염된 지저분한 물에 들어가도 피부가 가렵다. 일시적인 가려움은 이처럼 외부 물질이나 화학물질과 접촉함으로써 유발된다. 또 주위 온도의 변화나 전기적 자극 등에 의해서도 유발된다. 이러한 일시적인 가려움은 그러한 자극 유발 상황을 피하라는 정보를 제공한다. 모기가 물어서 생기는 가려움은 모기가 물고 난 이후에 느끼기 때문에 그 순간 그 모기를 쫓아내는 데는 효과가 없지만 또다시 다른 모기에 물리지 않게끔 조치를 취하는 효과는 있다. 또 가려움은 긁는 순간 성관계에서 느끼는 오르가슴

만큼의 쾌감을 준다.

가려움은 통증과 유사한 감각이라고 알려져 왔다. 가벼운 자극은 가려움을 일으키고, 강한 자극은 통증을 유발한다는 것이다. 이를 뒷받침하는 근거도 있다. 그러나 다음에 열거하는 사실은 가려움이 통증과는 다른 감각이라는 것을 의미한다. 첫째, 가려움은 긁는 행위를 유발하고 통증은 회피를 유발한다. 둘째, 마약 진통제인 모르핀은 통증을 완화하지만 가려움은 더욱 심하게 한다. 셋째, 가려움은 대뇌피질에서 인지되지만 통증은 시상에서 인지된다. 넷째, 통증과 가려움은 동일한 피부에서 각기 따로 인지될 수 있다. 또 최근에는 가려움에 특이한 반응을 보이는 신경이 발견되었다. 그런데 이것이 통증을 유발하는 자극에도 반응을 한다는 사실도 알려졌다. 결국 가려움에 특이한 반응을 보이는 감각수용체가 통각수용체와 별개로 존재하는지는 아직 확실하지 않다고 할 수 있다.

일시적인 통증은 신체를 보호하는 기능을 하지만 만성화되면 통증 자체가 질병으로 고통을 유발하듯이, 가려움도 만성화되면 그 자체가 통증 이상의 고통을 유발한다. 이런 만성적인 가려움은 대부분 외부 자극과 무관하게 일어나기 때문에 회피한다고 해결되지도 않는다. 또 대부분의 피부 질환에서 가려운 곳을 긁기 시작하면 오히려 점점 더 가려워진다. 신체 부위 중 가려움에 가장 민감한 부위는 눈꺼풀 주위, 콧구멍, 귓구멍, 항문, 성기 및 그 주변 부위다.

가려움은 매우 주관적인 감각으로 사람에 따라 매우 다양하게 나타난다. 같은 사람에게서도 동일한 자극에 대한 반응이 때에 따라 다르게 나타나서, 긴장, 불안, 공포 등을 느끼면 더욱 심해진다. 하루 중에는 저녁에 잠자리에 들었을 때 가장 심하다.

# 12

# 감각의
# 노화

인간의 생물학적 삶은 탄생-성장-성숙-늙음의 4단계로 나눌 수 있다. 늙음이란 노쇠senescence와 같은 말로 성숙기 이후 나이가 들어감에 따라 신체의 기능이 저하되고 생명 유지가 어려워 마침내 죽음에 이르는 과정을 의미한다. 반면 노화aging란 엄밀하게 말하면 탄생에서 늙음에 이르는 과정 전체를 의미한다. 즉 노화란 현재 나이에 관계없이 나이 들어가는 과정 자체를 말한다. 그러나 일반적으로 노화는 성숙기 이후 늙어 가는 것이라는 의미로 사용된다.

감각기관은 다른 신체기관과 마찬가지로 성장이 끝남과 동시에 노화가 시작된다. 노화 과정은 일반적으로 질병을 동반하는데, 심장병, 뇌졸중, 암 등과 같은 질병은 감각 기능에 나쁜 영향을 미친다. 따라서 감각 기능의 감소가 단순 노화 과정인지 질병에 의한 변화인지 구별한다는 것은 어렵기도 하고 구별 자체에 의미가 없을 수도 있다.

감각 기능의 감소는 인식 과정에 영향을 미치기 때문에, 시각, 청각, 평형감각의 감소는 지능이나 인지 기능을 저하시킨다. 베를린에 거주하는 70~103세 사이의 노인 516명을 연구 Berlin Aging Study 한 바에 따르면 노인의 지능이 감소하는 요인으로 청력 감소가 65%, 시력 감소가 75%, 평형감각의 감소가 83%를 차지했다고 한다.

## 시각의 노화

멀어지는 세상, 좁아지는 세상, 단조로워지는 세상 | 사람들이 자신이 늙었다고 느끼는 계기 중의 하나가 시력 감소다. 시력은 40세부터 떨어지기 시작한다. 수정체의 탄력성이 떨어지면서 조절력이 감소하는 것이 그 원인이다. 조절력이란 눈의 초점을 바꿔 가며 다른 거리에 있는 물체를 볼 수 있게 하는 작용이다. 디지털 카메라의 줌인과 줌아웃 기능과 같다. 이러한 조절은 수정체의 두께가 두꺼워졌다 얇아졌다 하면서 일어난다. 나이가 어릴수록 수정체의 탄력성이 좋아서 조절력이 강하고 나이가 들면서 탄력성이 떨어지면 조절력도 약해진다.

조절력이 좋아야 수정체를 두껍게 하여 눈 가까이에 있는 대상을 선명하게 볼 수 있다. 작은 대상의 영상을 망막에 맺을 수 있는 최소 거리는 8세 때는 8cm이고 20세가 되면 10cm이지만, 45세에 이르면 20~25cm까지 멀어지고 60세에는 90cm로 더 멀어진다. 이런 상태를 노안 <sup>presbyopia</sup>이라 한다. 자기 눈이 얼마나 젊은지 혼자서 확인해 보고 싶다면 책을 바짝 당겨서 읽어 보면 된다. 아주 가까이 볼 수 있다면 아직은 눈이 젊다고 할 수 있다. 근시가 있는 경우에는 가까운 물체를 볼 때 조절이 많이 필요하지 않으므로 노안에 따른 증상이 늦게 나타난다.

노안은 원시와는 발생 원인이 다르지만 먼 것은 잘 보이고 가까운 것이 잘 안 보인다는 점에서 원시와 증상이 비슷하다. 또 양자 모두 돋보기와 같은 볼록렌즈를 써야 한다는 점에서는 같다.

노인이 앞이 아예 안 보이게 되는 흔한 원인은 두 가지다. 하나는 빛이 눈을 통과하지 못하는 것이고, 하나는 망막신경에 손상을 입는 것이다. 빛이 통과하지 못하는 가장 흔한 원인은 수정체의 변성이다. 수정체를 구성하는 단백질이 변성되면 투명도가 떨어져 빛이 통과하지 못한다. 이것이 백내장이다. 망막신경이 망가지는 황반변성의 경우는 신경 손상이기 때문에 치료가 어렵지만 백내장은 수정체를 인공 수정체로 바꾸어 주면 되기 때문에 치료가 쉽다.

백내장이나 황반변성과 같이 뚜렷한 질환이 없다 하더라도 노인이 되면 여러 가지 이유로 시력이 떨어진다. 동공 크기가 줄어들기 때문에 눈을 통과하는 빛의 양이 줄어들어 어두침침한 곳에서 더욱 시력이 떨어진다. 또 빛에 대한 반응이 느려 밝은 곳에서 어두운 곳으로 이동하거나 어두운 곳에서 밝은 곳으로 이동할 때 적응 속도가 느려진다. 이런 조건에서는 넘어지거나 추락할 위험성이 높아진다.

나이가 들면 옆에 지나가는 사람이나 차를 발견하지 못하여 자주 부딪친다. 망막 주변부의 신경세포가 감소하면서 시야가 좁아져 주변부를 잘 보지 못하기 때문이다. 75세의 노인은 시야가 젊었을 때의 2/3로 줄어들고, 90세가 되면 1/2로 줄어든다. 즉 눈앞에 펼쳐진 세상이 절반밖에 보이지 않는다.

독서 능력도 나이에 따라 감소한다. 시력이 정상이라고 하더라도 순간적인 눈 운동이 느려지고 중심 시야가 좁아지기 때문에 독서 속도가 느려진다. 대략 젊었을 때의 1/3 정도다. 그러나 독서의 정확성은 젊었을 때처럼 유지될 수 있기 때문에 훈련을 통해 독서 속도를 높일 수는 있다.

색 판별 능력도 나이가 들면서 감소한다. 동공이 줄어들고 빛의 전달량이 감소하며 광수용체나 시신경이 노화되는 것이 원인이다. 특히 청색이나 보라색과 같이 파장이 낮은 영역에서 색 판별 능력 저하가 현저하다. 그래서 검정, 갈색, 짙은 남색을 분간하기가 어려워지고, 파스텔 톤의 색깔도 구분하기 어렵다.

## 청각의 노화

**노부부의 엇갈리는 인연** | 청력의 감소는 30대부터 시작되지만, 1,000Hz 부근의 회화 영역에 청력 감소가 생겨 실제로 안 들리는 것을 느낄 수 있는 나이는 40~60세 정도다. 일반적으로 저음의

청음 능력은 비교적 잘 유지되나 고음에 대한 청음 능력이 현저히 저하된다.

노화로 인한 청각 저하는 신경세포 수와 기능 감소 때문에 생긴다. 귀에서 뇌에 이르기까지 모든 신경세포가 영향을 받는다. 달팽이관 신경세포의 경우 그 숫자가 신생아의 50% 이하로 감소하면 청력이 감소하고, 90% 이상 감소하면 사람 말소리에 대한 분별력이 현저히 떨어진다.

65~75세 사이 연령에서는 대략 30%, 75세 이상에서는 대략 50%가 청력이 눈에 띄게 떨어진다. 대개 남자가 빨리 시작되고 빨리 진행된다. 남자는 여자보다 고주파 영역의 감소가 심하고 저주파 영역에서는 여자가 더 심하게 나빠진다. 남자의 음성은 일반적으로 저주파 음이고 여자의 음성은 고주파 음이므로 노부부는 서로의 말소리를 잘 알아듣지 못하게 된다. 이것이 황혼 이혼의 원인이 되는지에 대한 연구는 아직 없다.

노안으로 시력이 떨어지면 금방 그것을 느끼고 불편해하는 반면 청력은 대개 더 서서히 감소하기 때문에 별로 불편함을 느끼지 않고, 자신이 잘 듣지 못한다는 사실을 받아들이지도 않는다. 또 과거에 듣던 소리에 대한 기억이 있기 때문에 청력이 점차 나빠지면서도 주위 소리를 자신에게 익숙한 방식으로 받아들인다. 돋보기를 쓰면 안 보이던 사물이 바로 선명하게 보여서 그것이 유용하다는 것도 알고 자신의 시력이 나쁘다는 것을 인정하는 것과는 대조적이다.

# 평형감각의 노화

**휘청휘청 흔들리는 세상** | 인간의 자세를 유지하기 위해서는 시각, 근육-관절의 고유감각, 전정감각 등의 정보가 뇌, 특히 소뇌에서 통합되어야 한다. 대개 한 가지 감각기관에 장애가 발생하더라도 나머지 기관이 잘 작동하면 잘못 입력된 정보가 교정되면서 평형 기능을 어느 정도 유지한다. 그런데 노화로 세 기능이 모두 떨어지면 충분한 되먹임 작용이 이루어질 수 없고 평형감각이 떨어진다. 전정감각 신경세포 중 털세포의 숫자가 제일 먼저 감소하기 시작한다. 이 시기가 40세다. 대략 노인성 난청, 노안 등이 나타나는 시기와 같다. 전정신경의 기능이 감소하면 머리나 몸의 위치 변화를 인식하는 기능이 떨어지고, 아주 짧은 시간이지만 동공의 움직임을 적절하게 조절하지 못하기 때문에 주변 환경이 흔들려 보인다. 노인성 어지럼은 대개 머리 위치나 몸의 자세를 바꿀 때 발생하며 이때 몸이 휘청 흔들린다. 어지럼은 그 증상 자체가 괴롭기도 하지만 그로 인해 자주 넘어지는 게 문제다. 65세 이상 노인의 20%는 어지럼 때문에 자주 넘어지고, 30~40%는 일상생활에 지장을 받는다.

# 후각의 노화

**소고기의 냄새와 레몬의 냄새** | 후각 기능이 감소한다는 증거는 50대부터 발견된다. 이후 60~70대가 되면서는 더욱 급속히 감

소하여, 60대의 20%, 70대의 30%, 80~90대의 60%가 후각 감소로 인해 장애를 경험한다. 나이가 들면 후각신경세포의 숫자가 감소하고 재생 능력이 감소한다. 그뿐만 아니라 후각신경세포에서 신호를 전달받는 중추신경에서도 노화가 진행된다. 따라서 나이가 들면 처음에는 유사한 물질을 구별하지 못하다가 점점 지나면 전혀 다른 물질도 구분하지 못한다. 예를 들면 처음에는 커피의 종류를 구분하지 못하지만, 나중에는 소고기와 레몬의 냄새를 구분하지 못한다. 이렇게 나이가 들어 후각이 감퇴하는 것은 노화 자체 때문만 아니라 치매를 일으키는 알츠하이머병 때문이기도 하다.

## 미각의 노화

쓴맛에 대한 선호도 | 노화에 따른 미각의 감소가 두드러지는 시기는 남자는 40대 초반, 여자는 50대부터다. 노화에 따른 미각 기능의 감소는 미각과 관련된 신경세포의 숫자가 감소해서라기보다는 혀에서 뇌의 미각중추에 이르는 자극 전달의 전도 기능이 감소하는 것이 주요 원인이라고 추정된다. 또 나이가 들면서 입 안의 점막이 얇아지고 입 안 점막 혈관의 동맥경화로 영양분과 산소 공급이 충분하지 못해 입 안 위생 상태가 나빠져도 미각 기능이 떨어진다. 이때 짠맛을 느끼는 기능이 먼저 떨어지기 때문에 나이가 들수록 더 짜고 강한 음식을 찾는다. 그리고 폐경기가 되면 쓴맛

에 대한 민감도가 급격히 떨어지기 때문에 젊었을 때보다 블랙커피 등 쓴 음식을 더 즐겨 찾는다. 남녀 공통으로 나이가 들면 쓴맛 중에서도 지방이 섞여 있거나 달콤한 맛이 섞여 있는 쓴맛을 선호하여 참기름이 들어간 씀바귀나 취나물 등을 좋아한다. 항암 성분이 있는 식품은 대부분 약간 쓰고 떫은맛이 나는데 나이가 들면 이런 음식을 좋아하도록 진화한 결과로 추정된다.

나이가 더 들수록 점차 다른 미각 역시 감소하여, 단맛, 쓴맛, 짠맛, 신맛 등 모든 맛의 인지 능력 및 식별 능력이 저하된다. 우리나라 여대생과 노인의 입맛을 비교한 연구에 의하면 단맛은 두 배, 짠맛은 다섯 배, 신맛은 네 배, 쓴맛은 일곱배로 강한 자극을 줘야 노인들은 여대생이 느끼는 만큼 맛을 안다. 특히 약을 장기간 복용한 노인의 경우는 짠맛을 인식하는 능력이 열 배나 감소한다. 이러한 미각의 변화는 노인들의 영양 섭취에 불균형을 초래하여 건강을 위협한다.

## 피부감각의 노화

**척추에서 멀어질수록 사라지는 감각** | 피부감각도 다른 감각과 마찬가지로 피부의 촉감을 담당하는 수용체의 숫자가 감소하고, 신경 전달 속도도 감소하면서 노화를 겪는다. 대뇌에 있는 촉각중추 신경세포의 수 감소 등도 노화의 원인이 된다. 신경 전달 속도가 감소한다는 것은 신경의 한쪽 끝에서 다른 쪽으로 신호 전달이

느려진다는 것을 의미한다. 그렇게 되면 바늘에 손이 찔렸을 때 통증을 느끼기까지의 시간이 길어진다. 신경 자극 전달 속도는 40세에 가장 빠르고 이후에는 점차 느려진다.

촉감을 담당하는 수용체의 숫자가 감소하면 촉각에 대한 정확도가 떨어진다. 사람 몸에서 촉각이 가장 예민한 부위인 손가락 끝, 특히 엄지를 바늘로 찔렀을 때 정상적으로는 두 바늘이 2mm만 떨어져 있어도 별개로 인식하지만 65세 이상에서는 그 간격이 70% 늘어야 인식이 가능하다. 척추에서 피부까지의 거리가 길수록 촉감 감소 정도도 심해진다. 신경이 길어지면 그만큼 전달 속도의 감소도 더욱 커지기 때문이다. 그래서 팔다리 끝부분, 특히 발의 촉감이 감소되는 폭이 크다. 발의 경우 젊었을 때보다 90%, 손가락은 70%, 팔은 20% 정도 감소한다. 그래서 노인은 신발에 들어간 돌을 느끼지 못하기 때문에 발에 상처가 잘 난다. 또 온도에 대한 감각도 떨어져서 뜨거운 물에 화상도 잘 입는다.

292

294